LES OBJETS FRACTALS

"SIGNATURE" • UNE MANIÈRE DE REPRÉSENTER L'ENSEMBLE DE MANDELBROT

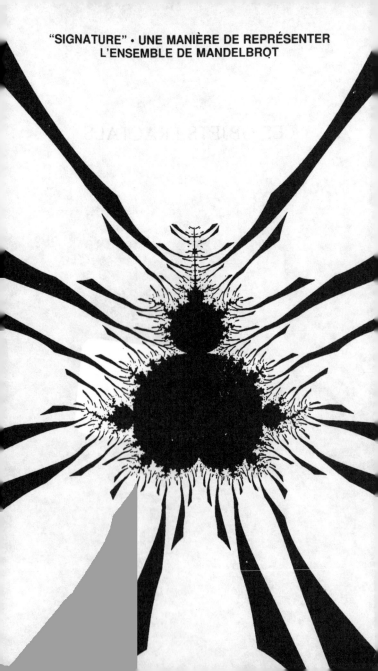

BENOIT MANDELBROT

LES OBJETS FRACTALS
Forme, hasard et dimension

QUATRIÈME ÉDITION

revue

FLAMMARION

© 1975, 1984, 1989, 1995 by Benoît Mandelbrot
Printed in France
ISBN : 2-08-081301-3

In Memoriam, B. et C.
Pour Aliette

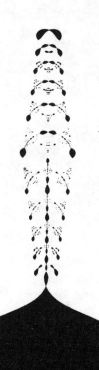

LISTE DES CHAPITRES

	PRÉFACES	1
I	INTRODUCTION	5
II	COMBIEN MESURE DONC LA CÔTE DE LA BRETAGNE ?	20
III	LE RÔLE DU HASARD	43
IV	LES ERREURS EN RAFALES	50
V	LES CRATÈRES DE LA LUNE	65
VI	LA DISTRIBUTION DES GALAXIES	72
VII	MODÈLES DU RELIEF TERRESTRE	102
VIII	LA GÉOMÉTRIE DE LA TURBULENCE	124
IX	INTERMITTENCE RELATIVE	135
X	SAVONS, ET LES EXPOSANTS CRITIQUES COMME DIMENSIONS	140
XI	L'ARRANGEMENT DES COMPOSANTS D'ORDINATEUR	144
XII	ARBRES DE HIÉRARCHIE OU DE CLASSEMENT	147
XIII	LEXIQUE DES NÉOLOGISMES	153
XIV	APPENDICE MATHÉMATIQUE	159
XV	ESQUISSES BIOGRAPHIQUES	170
XVI	REMERCIEMENTS ET CODA	182
	BIBLIOGRAPHIE	184

PRÉFACE À LA QUATRIÈME ÉDITION, PUBLIÉE EN "FORMAT DE POCHE"

Le Professeur Carlos Fiolhais, que l'éditeur Gradiva de Lisbonne a chargé de la traduction portugaise de ce livre, m'a livré une nouvelle collection de menues "bavures" à corriger, ce dont je le remercie vivement. En dehors de ces détails, et de quelques autres, cette édition reprend la précédente, avec deux différences très visibles.

La première est l'élimination du *Survol du langage fractal*, un "supplément" dont le but était de donner une idée des progrès de la théorie et des utilisations des fractales de 1975 à 1989. Signe de bonne santé, ce *Survol* a vite vieilli. Quand j'ai voulu le mettre à jour, il a, si l'on ose dire, éclaté. À sa place, un recueil séparé, à paraître, combinera une nouvelle édition du *Survol* avec divers autres textes: des inédits et des réimpressions plus ou moins retravaillées.

La deuxième différence concerne la bibliographie, qui a été enrichie de deux sortes de références parues après 1975: tous les livres sur les fractales dont j'ai connaissance, et mes propres travaux. J'ai d'abord songé à éliminer ce qui concernait uniquement le *Survol* disparu, mais j'ai vite renoncé, laissant ainsi en place des références sans objet..., mais non sans intérêt.

Pour la petite histoire, racontons que la première édition, parue il y a vingt ans, fut le premier livre que Flammarion ait réalisé par offset à partir d'une maquette que l'auteur avait préparée par traitement de texte.

Janvier 1995

Benoît Mandelbrot

Yale University, New Haven CT 06520-8283 USA
IBM, Yorktown Heights NY 10598-0218 USA

PRÉFACE À LA TROISIÈME ÉDITION (EXTRAIT)

C'est à M. Roberto Pignoni que l'éditeur Giulio Einaudi de Turin a confié la traduction italienne de mes *Objets fractals*. Le jeune mathématicien de Milan a mis à son travail un soin qui a démontré que le mieux éprouvé des dictons italiens souffre des exceptions, et qu'il n'est pas impossible qu'un traducteur soit, pour l'auteur, le meilleur des amis. Son attention aux détails de style a, en effet, beaucoup aidé à préparer cette nouvelle édition. Cependant, la pagination reste pratiquement inchangée.

Au moment où j'écris ces lignes, un thème à l'ordre du jour parmi les "fractalistes" est celui des "multifractales". Le chapitre IX montre que je l'étudiais dès avant 1975. Il a fallu dix ans pour que ce sujet "démarre". Mais il a bien démarré: là comme partout ailleurs dans l'étude des fractales, des progrès énormes ont été faits depuis treize ans.

Deux points de présentation doivent être signalés. Pour éviter qu'elles n'interrompent la continuité du texte, les figures sont regroupées aux fins des chapitres. Pour être faciles à retrouver, elles sont dénotées par les numéros des pages qui les portent. Un nom d'auteur suivi d'une date, comme Dupont 1979, renvoie à la bibliographie à la fin du volume. S'il le faut, l'année est suivie d'une lettre.

Printemps 1989

Benoît Mandelbrot

PRÉFACE À LA DEUXIÈME ÉDITION (EXTRAIT)

En remettant cet ouvrage sur l'établi, j'ai constaté qu'il avait peu de rides. Il a vite traversé l'âge ingrat où l'on est de moins en moins à la mode, pour atteindre un âge où la mode cesse d'être importante. C'est de moins en moins un traité, mais (folle ambition) c'est une nouvelle synthèse mathématique et philosophique et aussi une collection de micro-monographies concernant mes découvertes dans divers chapitres de la science. Il s'adresse en même temps à des publics disparates et prétend conduire des spécialistes de diverses sciences à rêver et créer avec moi.

J'ai allégé le texte de nombreux fragments devenus inutiles, par exemple, du fait que diverses conjectures mathématiques émises en 1975 sont désormais démontrées. Le style a été adouci, les illustrations ont été rafraîchies et un lexique de néologismes a été ajouté. L'ancien chapitre XIII est devenu chapitre XVI.

Pour conserver le ton d'un manifeste écrit en 1975, les rares additions prennent la forme de brefs post-scriptum. Quelques termes pesants, comme *rognure et promenade aléatoire*, ont été remplacés par des termes que j'ai introduits depuis 1975: *tréma et randonnée*. Enfin, pour éviter des malentendus fâcheux, pas mal de *on* et de *nous*, discrets mais ambigus, ont été remplacés par des *je* directs et clairs.

Mars 1984

Benoît Mandelbrot

CHAPITRE PREMIER

Introduction

Dans le présent essai, des objets naturels très divers, dont beaucoup sont fort familiers, tels la Terre, le Ciel et l'Océan, sont étudiés à l'aide d'une large famille d'objets géométriques, jusqu'à présent jugés ésotériques et inutilisables, mais dont j'espère montrer tout au contraire qu'ils méritent, de par la simplicité, la diversité et l'étendue extraordinaires de leurs nouvelles applications, d'être bientôt intégrés à la géométrie élémentaire. Bien que leur étude appartienne à des sciences différentes, entre autres la géomorphologie, l'astronomie et la théorie de la turbulence, les objets naturels en question ont en commun d'être de forme extrêmement irrégulière ou interrompue. Pour les étudier, j'ai conçu, mis au point et largement utilisé une nouvelle géométrie de la nature.

La notion qui lui sert de fil conducteur sera désignée par l'un de deux néologismes synonymes, "objet fractal" et "fractale", termes que je viens de former, pour les besoins de ce livre, à partir de l'adjectif latin *fractus*, qui signifie "irrégulier ou brisé".

Faut-il définir une figure fractale de façon rigoureuse, pour dire ensuite, d'un objet réel, qu'il est fractal s'il en est de même de la figure géométrique qui en constitue le modèle? Pensant qu'un tel formalisme serait prématuré, j'ai adopté une méthode toute différente: basée sur une caractérisation ouverte et intuitive et procédant par touches successives.

Le sous-titre souligne que mon but initial est de décrire, du dehors, la *forme* de divers objets. Cependant, dès que cette première phase réussit, la priorité passe aussitôt de la description à l'explication: de la géométrie à la dynamique, à la physique, et au-delà.

Le sous-titre indique aussi que, pour engendrer l'irrégularité fractale, j'utilise des constructions que domine le *hasard*.

Enfin, le sous-titre annonce qu'une des caractéristiques principales de tout objet fractal est sa *dimension* fractale, qui sera dénotée par D. Elle mesure son degré d'irrégularité et de brisure. Fait très important: contrairement aux nombres de dimensions habituels, la dimension fractale peut très bien être une fraction simple, telle que 1/2 ou 5/3, et même un nombre irrationnel, tel que $\log 4 / \log 3 \sim 1,2618\ldots$ ou π. Ainsi, il est utile de dire de certaines courbes planes très irrégulières que leur dimension fractale est entre 1 et 2, de dire de certaines surfaces très feuilletées et pleines de convolutions que leur dimension fractale est intermédiaire entre 2 et 3, et enfin de définir des poussières sur la ligne dont la dimension fractale est entre 0 et 1.

Dans certains ouvrages mathématiques, diverses figures connues que j'incorpore parmi les fractales sont dites "de dimension fractionnaire", mais ce terme est fâcheux car il n'est pas d'usage, par exemple, de qualifier π de fraction. Chose plus importante, il y a parmi les fractales maints objets irréguliers ou brisés, qui satisfont à $D=1$ ou à $D=2$, mais ne ressemblent en aucune façon ni à des droites ni à des plans. Le terme "fractal" élimine ces difficultés associées au terme "fractionnaire".

Afin de suggérer quels objets doivent être considérés comme fractals, commençons donc par nous souvenir que, dans son effort pour décrire le monde, la science procède par des séries d'images ou modèles de plus en plus "réalistes". Les plus simples sont des continus parfaitement homogènes, tels un fil ou un cosmos de densité uniforme, ou un fluide de température, densité, pression et vitesse également uniformes. La physique a pu triompher en identifiant de nombreux domaines où de telles images sont extrêmement utiles, en particulier comme points de départ de divers termes correctifs. Mais dans d'autres domaines la réalité se révèle être si irrégulière, que le modèle continu parfaitement homogène déçoit, et qu'il ne peut même pas servir comme première approximation. Ce sont des domaines où la physique a échoué, et dont les physiciens préfèrent ne jamais parler. (P.-S. Ceci était vrai en 1975, mais c'est de moins en moins vrai aujourd'hui.) Pour présenter ces domaines, et pour donner en même temps une première indication sur la méthode que j'ai proposée pour les aborder, je vais maintenant citer quelques paragraphes de la préface méconnue d'un ouvrage par ailleurs célèbre, *Les Atomes* (Perrin 1913).

OÙ JEAN PERRIN ÉVOQUE DES OBJETS FAMILIERS DE FORME IRRÉGULIÈRE OU BRISÉE

"... Plutôt pour le lecteur qui vient de terminer ce livre que pour celui qui va le commencer, je voudrais faire quelques remarques dont l'intérêt peut être de donner une justification objective à certaines exigences logiques des mathématiciens.

"Nous savons tous comment, avant de donner une définition rigoureuse, on fait observer aux débutants qu'ils ont déjà l'idée de la continuité. On trace devant eux une belle courbe bien nette, et on dit, appliquant une règle contre ce contour: Vous voyez qu'en chaque point il y a une tangente. Ou encore, pour donner la notion déjà plus abstraite de la vitesse vraie d'un mobile en un point de sa trajectoire, on dira: Vous sentez bien, n'est-ce pas, que la vitesse moyenne entre deux points voisins de cette trajectoire finit par ne plus varier appréciablement quand ces points se rapprochent indéfiniment l'un de l'autre. Et beaucoup d'esprits en effet, se souvenant que pour certains mouvements familiers il en paraît bien être ainsi, ne voient pas qu'il y a là de grandes difficultés.

"Les mathématiciens, pourtant, ont bien compris le défaut de rigueur de ces considérations dites géométriques, et combien par exemple il est puéril de vouloir démontrer, en traçant une courbe, que toute fonction continue admet une dérivée. Si les fonctions à dérivée sont les plus simples, les plus faciles à traiter, elles sont pourtant l'exception. Ou, si l'on préfère un langage géométrique, les courbes qui n'ont pas de tangente sont la règle, et les courbes bien régulières telles que le cercle, sont des cas fort intéressants mais très particuliers.

"Au premier abord, de telles restrictions semblent n'être qu'un exercice intellectuel, ingénieux sans doute, mais en définitive artificiel et stérile, où se trouve poussé jusqu'à la manie le désir d'une rigueur parfaite. Et le plus souvent, ceux auxquels on parle de courbes sans tangentes ou de fonctions sans dérivées commencent par penser qu'évidement la nature ne présente pas de telles complications, et n'en suggère pas l'idée.

"C'est pourtant le contraire qui est vrai, et la logique des mathématiciens les a maintenus plus près du réel que ne faisaient les représentations pratiques employées par les physiciens. C'est ce qu'on peut déjà comprendre en songeant, sans parti pris simplificateur, à certaines données expérimentales.

"De telles données se présentent en abondance quand on étudie les colloïdes. Observons, par exemple, un de ces flocons blancs qu'on obtient en salant de l'eau de savon. De loin, son contour peut sembler net, mais sitôt qu'on s'approche un peu, cette netteté s'évanouit. L'œil ne réussit plus à fixer de tangente en un point: une droite qu'on serait porté à dire telle, au premier abord, paraîtra aussi bien, avec un peu plus d'attention, perpendiculaire ou oblique au contour. Si on prend une loupe, un microscope, l'incertitude reste aussi grande, car chaque fois qu'on augmente le grossissement, on voit apparaître des anfractuosités nouvelles, sans jamais éprouver l'impression nette et reposante que donne, par exemple, une bille d'acier poli. En sorte que, si cette bille donne une image utile de la continuité classique, notre flocon peut tout aussi logiquement suggérer la notion plus générale des fonctions continues sans dérivées.

"Et ce qu'il faut bien observer, c'est que l'incertitude sur la position du plan tangent en un point du contour [d'un flocon] n'est pas tout à fait du même ordre que l'incertitude qu'on aurait à trouver la tangente en un point du littoral de la Bretagne, selon qu'on utiliserait pour cela une carte à telle ou telle échelle. Selon l'échelle, la tangente changerait, mais chaque fois on en placerait une. C'est que la carte est un dessin conventionnel, où, par construction même, toute ligne a une tangente. Au contraire, c'est le caractère essentiel de notre flocon (comme au reste du littoral, si au lieu de l'étudier sur une carte on le regardait lui-même de plus ou moins loin), que, à toute échelle, on *soupçonne,* sans les voir tout à fait bien, des détails qui empêchent absolument de fixer une tangente.

"Nous resterons encore dans la réalité expérimentale, si, mettant l'œil au microscope, nous observons le mouvement brownien qui agite toute petite particule en suspension dans un fluide. Pour fixer une tangente à sa trajectoire, nous devrions trouver une limite au moins approximative à la direction de la droite qui joint les positions de cette particule en deux instants successifs très rapprochés. Or, tant que l'on peut faire l'expérience, cette direction varie follement lorsque l'on fait décroître la durée qui sépare ces deux instants. En sorte que ce qui est suggéré par cette étude à l'observateur sans préjugé, c'est encore la fonction sans dérivée, et pas du tout la courbe avec tangente."

P.S.: L'ORDRE EUCLIDIEN ET L'ORDRE FRACTAL

Arrêtons ici la lecture de Perrin. Pour résumer, Perrin 1913 fait deux remarques distinctes au sujet de la géométrie de la nature. D'une part, elle est mal représentée par l'ordre parfait des formes usuelles d'Euclide ou du calcul différentiel. D'autre part, elle peut faire penser à la complication des mathématiques créées vers 1900.

Ces remarques peuvent paraître aujourd'hui comme allant de soi, et on pourrait même imaginer que la préface de Perrin 1913 ait été perçue comme un coup de clairon, motivant des recherches nombreuses et immédiates. En fait, il n'en fut rien. Il semble – sort commun des préfaces! – qu'elle n'ait été lue, ni par le destinataire "qui vient de terminer" ledit livre, ni (bien sûr) par "le lecteur qui va le commencer". Toutefois, Perrin a souvent répété les derniers mots de la section précédente, et une de ces répétitions a eu une grande importance historique vers 1920; en effet, elle allait stimuler le jeune Norbert Wiener à construire son modèle probabiliste du mouvement brownien, comme il le raconte dans Wiener 1953, 1956.

Le mouvement brownien m'a énormément influencé, mais la préface de Perrin n'a eu aucun effet direct. D'ailleurs, ce n'est qu'en 1974 que ce vieux texte est venu à mon attention, quand la première édition de cet essai en était aux dernières corrections. Il m'a rassuré, mais sans m'influencer. J'avais déjà conçu l'idée qu'on pouvait attaquer certains phénomènes au moyen de diverses techniques mathématiques que le hasard m'avait rendues familières. Elles étaient disponibles, mais réputées inapplicables et "compliquées". Puis une nouvelle "fournée" d'utilisations des fractales s'est dégagée, loin de la première sur la "carte" des disciplines scientifiques établies. Ce n'est que beaucoup plus tard, à travers plusieurs fusions et réorganisations, que ces utilisations, devenues nombreuses, se sont fondues et organisées en une nouvelle discipline et une nouvelle manière de voir les choses.

La géométrie fractale est caractérisée par deux choix: le choix de problèmes au sein de la nature, car décrire tout serait une ambition sans espoir et sans intérêt, et le choix d'outils au sein des mathématiques, car chercher des applications aux mathématiques, simplement parce qu'elles sont belles, n'a jamais causé que des déboires.

Progressivement mûris, ces deux choix ont créé quelque chose de nouveau: entre le domaine du désordre incontrôlé et l'ordre excessif d'Euclide, il y a désormais une nouvelle zone d'ordre fractal.

CONCEPTS PROPOSÉS EN SOLUTION: DIMENSIONS EFFECTIVES, FIGURES ET DIMENSIONS FRACTALES

La trajectoire du mouvement brownien est la plus simple des fractales, mais le modèle proposé par Wiener présente déjà la caractéristique surprenante que c'est une courbe continue dont la dimension fractale prend une valeur tout à fait anormale, à savoir $D = 2$.

Le concept de dimension fractale fait partie d'une certaine mathématique qui a été créée entre 1875 et 1925. Plus généralement, un des buts du présent essai est de montrer que la collection de figures géométriques créées à cette époque, collection que Vilenkin 1965 qualifie de "musée d'Art" mathématique, et d'autres de "galerie des Monstres", peut également être visitée en tant que "Palais de la Découverte". A cette collection, mon maître Paul Lévy (grand même dans ce qu'il avait d'anachronique, comme je l'évoque au chapitre XV) a beaucoup ajouté, en plaçant l'accent sur le rôle du hasard.

Ces figures géométriques n'ont jamais eu de chance dans l'enseignement, ne passant de l'état d'épouvantail "moderne" qu'à celui d'exemple trop spécial pour mériter qu'on s'y arrête. Je veux, par cet essai, les faire connaître à travers les utilisations que je leur ai trouvées. Je montre que la carapace formaliste qui les a isolées a empêché leur vrai sens de se révéler, que ces figures ont quelque chose d'extrêmement simple, concret et intuitif.

Non seulement je montre qu'elles sont réellement utiles, mais qu'elles peuvent être utilisées très vite, avec un appareil très léger, n'exigeant presque aucun de ces préliminaires formels, dont l'expérience montre que certains y voient un désert infranchissable, et d'autres un éden dont ils n'ont plus le désir de sortir.

J'ai la conviction profonde que très souvent on perd plus qu'on ne gagne à l'abstraction forcée, à la vedette donnée à la "mise en forme" et à la prolifération des concepts et des termes. Je ne suis pas le dernier à regretter que les sciences les moins exactes, celles dont les principes mêmes sont les moins certains, soient les plus portées à l'axiomatique et au souci de rigueur et de généralité. Je suis donc ravi d'avoir découvert maints exemples tout neufs, pour lesquels les rapports entre la forme et le contenu se présentent de façon classiquement intime.

Avant de passer aux dimensions qui peuvent être des fractions, il nous faut mieux comprendre la notion de dimension, du point de vue de son rôle en physique.

Tout d'abord, la géométrie élémentaire nous apprend qu'un point isolé, ou un nombre fini de points, constituent une figure de dimension zéro. Qu'une droite ou toute autre courbe "standard" – cette épithète impliquant qu'il s'agit de la géométrie usuelle issue d'Euclide – constituent des figures de dimension un. Qu'un plan, ainsi que toute autre surface standard, constituent des figures de dimension deux. Qu'un cube a la dimension trois. À ces choses connues de tout le monde, divers mathématiciens, à commencer par Hausdorff 1919, ont ajouté qu'on peut dire, de certaines figures idéalisées, que leur dimension n'est pas un entier. Ce peut être une fraction, par exemple 1/2, 3/2, 5/2, mais c'est souvent un nombre irrationnel tel que $\log 4/\log 3 \sim 1,2618...$, ou même la solution d'une équation compliquée.

Pour caractériser de telles figures, on peut d'abord dire, très grossièrement, qu'une figure dont la dimension se situe entre 1 et 2 doit être plus "effilée" qu'une surface ordinaire, tout en étant plus "massive" qu'une ligne ordinaire. En particulier, si c'est une courbe, elle devrait avoir une surface nulle mais une longueur infinie. De même, si sa dimension est comprise entre 2 et 3, elle devrait avoir un volume nul. Donc, cet essai commence par donner des exemples de courbes qui ne s'en vont pas à l'infini, mais dont la longueur entre deux points quelconques est infinie.

Le formalisme essentiel, en ce qui concerne la dimension fractale, est donc publié depuis longtemps, mais il reste la propriété intellectuelle d'un petit groupe de mathématiciens purs. On lisait bien, ici et là, l'opinion que telle ou telle figure que je dis fractale est si jolie, qu'elle devra sûrement finir, quelque part, par servir à quelque chose. Mais ces opinions ne faisaient qu'exprimer un espoir dépourvu de substance, tandis que les chapitres qui suivent proposent des réalisations effectives, débouchant sur des théories précises en plein développement. Chaque chapitre étudie une classe d'objets concrets, dont on peut dire que, tout comme pour les figures idéalisées auxquelles nous avons fait allusion, leur dimension physique effective prend une valeur anormale.

Mais qu'est-ce donc exactement qu'une dimension physique effective? C'est là une notion intuitive, qui remonte à un état archaïque de la géométrie grecque, mais qui mérite d'être reprise, élaborée et remise à l'honneur. Elle se rapporte aux relations entre *figures* et *objets,* le premier terme dénotant des idéalisations mathématiques, et le deuxième terme dénotant des données du réel. Dans cette perspective, une petite boule, un voile ou un fil – aussi fins soient-ils – devraient être représentés par des figures tridimensionnelles, au même titre qu'une grosse boule.

Mais, en fait, tout physicien sait qu'il faut procéder différemment. Il est bien plus utile de considérer que si un voile, un fil ou une boule, sont suffisamment fins, leurs dimensions sont plus proches (respectivement) des dimensions 2, 1 et 0.

Précisons la deuxième assertion ci-dessus: elle exprime que ni les théories relatives à la boule, ni celles relatives à la ligne idéale ne décrivent un fil de façon complète. Dans les deux cas, il faut introduire des "termes correctifs" et il est certain que l'on va préférer le modèle géométrique qui exige le moins de corrections. Lorsqu'on a de la chance, ces corrections sont telles que, même si on les omet, le modèle continue de donner une bonne idée de ce que l'on étudie. En d'autres termes, la dimension physique a inévitablement une base pragmatique, donc subjective. Elle est affaire de degré de résolution.

Comme confirmation, montrons qu'une pelote de 10 cm de diamètre, faite de fil de 1 mm de diamètre, possède, de façon en quelque sorte latente, plusieurs dimensions effectives distinctes. Au degré de résolution de 10 m, c'est un point zéro-dimensionnel. Au degré de résolution de 10 cm, c'est une boule tridimensionnelle. Au degré de résolution de 10 mm, c'est un ensemble de fils, donc une figure unidimensionnelle. Au degré de résolution de 0,1 mm, chaque fil devient une sorte de colonne, et le tout redevient tridimensionnel. Au degré de résolution de 0,01mm, chaque colonne se résout en fibres filiformes, et le tout redevient unidimensionnel. À un niveau plus poussé d'analyse, la pelote se représente par un nombre fini d'atomes ponctuels, et le tout redevient zéro-dimensionnel. Et ainsi de suite: la valeur de la dimension ne cesse de sautiller!

Qu'un résultat numérique dépende ainsi des rapports entre l'objet et l'observateur est bien dans l'esprit de la physique de ce siècle, dont c'est même une illustration particulièrement exemplaire. En fait, là où un observateur voit une zone bien séparée de ses voisines, et ayant son D caractéristique, un deuxième observateur ne verra qu'une zone de transition graduelle, qui peut ne pas mériter une étude séparée.

Les objets dont traite cet essai ont, eux aussi, toute une suite de dimensions différentes. La nouveauté sera que là où – jusqu'à présent – l'on ne voyait que des zones de transition, sans structure bien déterminée, j'identifie des zones fractales, dont la dimension est, soit une fraction, soit un entier "anormal" lui aussi descriptif d'un état irrégulier ou brisé. Je reconnais volontiers que la réalité d'une zone n'est pleinement établie que lorsqu'elle a été associée à une vraie théorie déductive. Je reconnais aussi que, tout comme les entités de Guillaume d'Occam, les dimensions ne doivent pas être multipliées au-delà de la nécessité, et qu'en particulier certaines zones fractales peuvent être trop étroites pour mériter d'être distinguées. Le mieux est de repousser l'examen de tels doutes à un moment où leur objet aura été bien décrit.

Il est grand temps de préciser à quels domaines de la science j'emprunte mes exemples. Il est bien connu que décrire la Terre fut un des premiers problèmes formels que l'Homme se soit posés. Aux mains des Grecs, la "géo-métrie" donna jour à la géométrie mathématique. Cependant – comme il arrive bien souvent dans le développement des sciences! – la géométrie mathématique oublia très vite ses origines, ayant à peine gratté la surface du problème initial.

Mais par ailleurs – chose étonnante, bien qu'on en ait pris l'habitude! – "dans les sciences naturelles, le langage des mathématiques se révèle efficace au delà du raisonnable", suivant la belle expression de Wigner 1960. "C'est un merveilleux cadeau que nous ne comprenons ni ne méritons. Nous devons en être reconnaissants et espérer qu'il continuera de servir dans nos recherches futures, et que, pour le meilleur ou pour le pire, il s'étendra, pour notre plaisir et peut-être même aussi pour notre stupéfaction, à de larges branches de la connaissance". Par exemple, la géométrie issue directement des Grecs a triomphalement expliqué le mouvement des planètes, cependant elle continue à éprouver des difficultés avec la distribution des étoiles. De même, elle servit à rendre compte du mouvement des marées et des vagues, mais non de la turbulence atmosphérique et océanique.

En somme, ce livre s'occupe, en premier lieu, d'objets très familiers, mais trop irréguliers pour tomber sous le coup de cette géométrie classique: la Terre, la Lune, le Ciel, l'Atmosphère et l'Océan.

En deuxième lieu, nous considérons brièvement divers objets qui, sans être eux-mêmes familiers, éclairent la structure de ceux qui le sont. Par exemple, la distribution des erreurs sur certaines lignes téléphoniques se trouve être un excellent outil de transition. Autre exemple: l'articulation de molécules organiques dans les savons (solides, pas effilés en bulles). Les physiciens ont établi que ladite articulation est gouvernée par un exposant de similitude. Et il se trouve que cet exposant est une dimension fractale. Si ce dernier exemple devait se généraliser, les fractales auraient un rapport direct avec un domaine particulièrement actif à ce jour, la théorie des phénomènes critiques.

(P.-S. Cette prédiction s'est pleinement réalisée.)

Tous les objets naturels déjà cités sont des "systèmes" en ce sens qu'ils sont formés de beaucoup de parties distinctes, articulées entre elles, et la dimension fractale décrit un aspect de cette règle d'articulation. Mais la même définition s'applique également à des "artefacts". Une différence entre les systèmes naturels et artificiels est que, pour connaître les premiers, il est nécessaire d'utiliser l'observation ou l'expérience, tandis que, pour les seconds, on peut interroger le réalisateur. Cependant, il existe des artefacts très complexes, pour lesquels d'innombrables intentions ont interagi de façon si incontrôlable, que le résultat finit, tout au moins en partie, par devenir "objet d'observation". Le chapitre XI examinera un exemple, au sein duquel la dimension fractale joue un rôle, à savoir un aspect de l'organisation de certains composants d'ordinateur.

Nous examinons enfin le rôle de la dimension fractale dans certains arbres de classement, qui interviennent dans mon explication de la loi des fréquences des mots dans le discours, ainsi que dans certains arbres de hiérarchie, qui interviennent pour expliquer la distribution d'une des formes de revenu personnel.

DÉLIBÉRÉMENT, CET ESSAI MÉLANGE LA VULGARISATION ET LE TRAVAIL DE RECHERCHE

Ayant esquissé l'objet de cet essai, il nous faut maintenant en examiner la manière.

Un effort constant est fait pour souligner, aussi bien la diversité des sujets touchés, que l'unité apportée par l'outil fractal. Un effort est fait également pour développer tous les problèmes dès leur début, afin de rendre ce texte accessible à un public de non spécialistes. Enfin, pour ne pas effaroucher inutilement ceux que la précision mathématique n'intéresse pas, les définitions sont remises au chapitre XIV. De ces points de vue, il s'agit ici d'une *œuvre de vulgarisation*.

De plus, cet essai a quelques apparences d'un *travail d'érudition*, à cause du grand nombre de filières historiques que j'ai pris soin de remonter. Ce n'est pas l'habitude en science, surtout que la plupart de ces filières sont venues trop tard à mon attention pour influer en quoi que ce soit le développement de mes travaux. Mais l'histoire des idées me passionne. De plus, mes thèses principales n'ont que trop souvent commencé par rencontrer l'incrédulité. Leur nouveauté était donc évidente, mais par contre j'avais une forte raison de chercher à les enraciner. Je me suis donc activement *cherché* des prédécesseurs, plutôt que de les fuir.

Cependant – faut-il insister? – la recherche des origines est sujette à controverse. Pour tout vieil auteur chez qui je reconnais une bonne idée bien exprimée, je risque de trouver un contemporain – quelquefois la même personne dans un contexte différent – développant l'idée opposée. Peut-on louer Poincaré pour avoir conçu à 30 ans des idées qu'il allait condamner à 55 ans, sans même paraître se souvenir de ses péchés de jeunesse? Et que faire lorsque les arguments avaient été aussi faibles dans un sens que dans l'autre, et que deux auteurs s'étaient contentés de noter des idées sans prendre la peine de les défendre et de les faire accepter? Si nos auteurs avaient été négligés, faut-il se hâter de les rendre tous deux à l'oubli? Ou faut-il attribuer un peu de gloire posthume à celui qu'on approuve, même (surtout?) s'il avait été incompris? Faut-il, en plus, faire revivre des personnages dont la trace avait disparu, parce qu'on ne prête qu'aux riches et que souvent l'œuvre de l'un n'est acceptée que grâce à l'autorité supérieure d'un autre, qui l'adopte et la fait survivre sous son nom?

Stent 1972 nous incite à conclure qu'être en avance sur son temps ne mérite que la compassion dans l'oubli.

Pour ma part, je ne prétends pas résoudre les problèmes du rôle des précurseurs. (P.-S. 1985. Et j'avoue que mon intérêt pour l'histoire des idées s'accompagne quelquefois d'une pointe d'amusement: l'expérience montre que celui qui se recherche activement des précurseurs fournit des munitions à qui voudrait le dénigrer.) Malgré tout, je continue de croire que le fait de s'intéresser, non pas seulement aux idées qui avaient déjà réussi, mais à celles qu'on avait oubliées, est bon pour l'âme du savant. Je tiens donc à conserver des liens avec le passé, et j'en souligne quelques-uns dans les esquisses biographiques du chapitre XV.

Mais tout cela importe peu. Le but essentiel de cet essai est de *fonder une nouvelle discipline scientifique*. Tout d'abord, le thème général, celui de l'importance concrète des figures de dimension fractionnaire, est entièrement nouveau. Plus spécifiquement, presque tous les résultats qui vont être discutés sont dûs, en grande partie ou dans leur totalité, à l'auteur de cet essai. Beaucoup sont inédits. Il s'agit donc ici, avant tout, d'une présentation de travaux de recherche.

Fallait-il réunir et tenter de vulgariser des théories qui viennent à peine de naître? Mon espoir est que le lecteur jugera sur pièces.

Avant d'encourager qui que ce soit à faire connaissance de nouveaux outils de pensée, je crois juste de caractériser quelle, à mon avis, va être leur contribution. Le progrès des formalismes mathématiques n'a jamais été mon but principal, mais un effet secondaire, et de toute façon ce que j'ai pu apporter dans ce sens ne trouve pas de place dans cet essai.

Quelques applications mineures ont simplement mis en forme et baptisé des concepts déjà connus. Ce n'est qu'un premier pas. Là où (déjouant mes espoirs) il ne sera pas suivi d'autres, il n'aura qu'un intérêt esthétique ou cosmétique. Les mathématiques étant un langage, elles peuvent servir, non seulement à informer, mais aussi à séduire, et il faut se garder des notions que Henri Lebesgue a si joliment qualifiées de "certes nouvelles, mais ne servant à rien d'autre qu'à être définies".

Fort heureusement, mon entreprise évite ce risque. Dans la plupart des cas, en effet, les concepts d'objet fractal et de dimension fractale sont entièrement positifs, et contribuent à dégager quelque chose de fondamental. Ils s'attaquent (pour paraphraser H. Poincaré) non pas à des questions que l'on se pose, mais à des questions qui se posent elles-mêmes avec insistance. Afin de le souligner, je m'efforce, autant que possible, de partir de ce que qu'on peut appeler un paradoxe du concret. Je prépare la scène en montrant comment des données expérimentales, obtenues de diverses façons, paraissent se contredire. Si chacune d'entre elles est incontestable, je plaide pour faire admettre que c'est le cadre conceptuel, au sein duquel on les interprétait sans en être conscient, qui était radicalement inapproprié. Je conclus en résolvant chacun de ces paradoxes par l'introduction d'une fractale et d'une dimension fractale – amenées sans douleur et presque sans qu'on s'en aperçoive.

L'ordre de présentation est en bonne partie régi par la commodité de l'exposé. Par exemple, cet ouvrage commence par des problèmes auxquels le lecteur risque d'avoir peu réfléchi, ce qui l'aura préservé de parti pris. De plus, la discussion entamée aux chapitres II et III se termine au chapitre VII, à un moment où le lecteur sera déjà accoutumé au mode de pensée fractal.

L'exposé est facilité par la multiplicité des exemples. En effet, nous avons à explorer un bon nombre de thèmes distincts, et il se trouve que chaque théorie fractale les aborde dans un ordre différent. Par suite, tous ces thèmes vont se rencontrer sans peine, bien que je ne me propose de développer de chaque théorie que les parties qui ne présentent pas de grande difficulté technique.

Soulignons que divers passages, plus compliqués que la moyenne de l'exposé, peuvent être sautés sans perdre le fil du raisonnement, et répétons que les figures sont groupées à la suite des chapitres. De nombreux compléments au texte sont inclus dans les légendes, qui font partie intégrante de l'ensemble, tandis que divers compléments de caractère mathématique sont renvoyés au chapitre XIV.

CHAPITRE II

Combien mesure donc la côte de la Bretagne?

Dans ce chapitre, l'étude de la surface de la Terre sert à introduire une première classe de fractales, à savoir les courbes de dimension supérieure à 1. D'autre part, nous profitons de l'occasion pour régler diverses questions d'applicabilité plus générale.

Prenant un bout de côte maritime dans une région accidentée, nous allons essayer d'en mesurer effectivement la longueur. Il est évident que ladite longueur est au moins égale à la distance en ligne droite entre les extrémités de notre bout de côte. Que, si la côte était droite, le problème serait résolu dès ce premier pas. Enfin, qu'une vraie côte sauvage est extrêmement sinueuse, et par suite plus longue que ladite distance en ligne droite. On peut en tenir compte de diverses façons, mais, dans tous les cas, la longueur finale se trouvera être tellement grande, que l'on peut sans inconvénient pratique la considérer comme étant infinie.

Quand, ensuite, nous voudrons comparer les "contenus" de côtes différentes, nous ne pourrons éviter d'introduire diverses formes du concept de dimension fractale, jusqu'à présent propriété d'un petit groupe de mathématiciens, qui l'avaient tous cru être sans application concrète possible.

LA DIVERSITÉ DES MÉTHODES DE MESURE

Voici une première méthode: on promène, sur la côte, un compas d'ouverture prescrite η, chaque pas commençant là où le précédent avait fini. La valeur de η, multipliée par le nombre de pas, donnera une longueur approximative $L(\eta)$. Si on répète l'opération, en rendant l'ouverture du compas de plus en plus petite, on trouve que ledit $L(\eta)$ tend à augmenter sans cesse, et sans limite bien définie. Avant de discuter cette constatation, nous pouvons noter que le principe de la procédure ci-dessus consiste, d'abord, à remplacer l'objet qui nous concerne, qui est trop irrégulier, par une courbe plus maniable parce que arbitrairement adoucie ou "régularisée". L'idée générale est donnée par une feuille d'aluminium dont on se serait servi pour envelopper une éponge, sans en suivre vraiment le contour.

Une telle régularisation est inévitable, mais elle peut également être effectuée d'autres façons. Ainsi, on peut imaginer qu'un homme marche le long d'une côte, en s'astreignant à s'en écarter au plus de la distance prescrite η, tout en suivant le plus court chemin possible, puis l'on recommence en rendant la distance maximale de l'homme à la côte de plus en plus petite. Après cela, on remplace notre homme par une souris, puis par une mouche, et ainsi de suite. Encore une fois, plus près l'on veut se tenir de la côte, plus longue sera, inévitablement, la distance à parcourir.

Autre méthode encore, si l'on juge indésirable l'asymétrie que la deuxième méthode établit entre la terre et l'eau. On peut considérer tous les points de l'une et l'autre, dont la distance à la côte est au plus égale à η. Donc on imagine que la côte est recouverte au mieux par un ruban de largeur 2η. On mesure la surface dudit ruban, et on la divise par 2η, comme si ce ruban avait été un rectangle.

Quatrième méthode: on imagine une carte, tracée par un peintre pointilliste, utilisant de gros "points" de rayon η, en d'autres termes on recouvre la côte au mieux, par des cercles de rayon égal à η.

Il doit être clair déjà que, lorsqu'on rend η de plus en plus petit, toutes ces longueurs approchées augmentent. Elles continuent même d'augmenter quand η est de l'ordre du mètre, c'est-à-dire dénué de signification géographique.

Avant de se poser des questions sur la règle régissant cette tendance, assurons-nous de la signification de ce qui vient d'être établi. Pour cela, refaisons donc les mêmes mesures, en remplaçant la côte sauvage de Brest de l'an 1000 par la côte de 1975, que l'homme a domptée. L'argument ci-dessus s'appliquait autrefois, mais il doit aujourd'hui être modifié. Toutes les façons de mesurer la longueur "à η près" donnent encore un résultat qui augmente jusqu'à ce que l'unité η décroisse jusqu'à 20 mètres environ. Mais on rencontre ensuite une zone où $L(\eta)$ ne varie que très peu, et il ne recommence à augmenter que pour des η de moins de 20 centimètres, c'est-à-dire si petits que la longueur commence à tenir compte de l'irrégularité des pierres. Donc, si l'on trace un diagramme de la longueur $L(\eta)$ en fonction du pas η, on y voit aujourd'hui une sorte de palier, qui n'était pas présent autrefois. Or, à chaque fois que l'on veut saisir un objet qui ne cesse de bouger, il est bon de se précipiter dès qu'il s'arrête, ne serait-ce que pour un instant. On dira donc volontiers que, pour le Brest d'aujourd'hui, un certain degré de précision dans la mesure des longueurs des côtes est devenu intrinsèque.

Mais cet "intrinsèque" est tout à fait anthropocentrique, puisque c'est la taille des plus grosses pierres que l'homme peut déplacer, ou des blocs de ciment qu'il aime couler. La situation n'était pas très différente autrefois, puisque le meilleur η pour mesurer la côte n'était pas la taille de la souris ou de la mouche, mais celle d'un homme adulte. Donc, l'anthropocentrisme intervenait déjà, quoique de façon différente: d'une façon ou d'une autre, le concept, en apparence inoffensif, de longueur géographique n'est pas entièrement "objectif", et il ne l'a jamais été. Dans sa définition, l'observateur intervient de façon inévitable.

DONNÉES EMPIRIQUES DE LEWIS FRY RICHARDSON

Il se trouve que la variation de la longueur approchée $L(\eta)$ a été étudiée empiriquement dans Richardson 1961. Ce texte, que Lewis Fry Richardson laissa à sa mort sans l'avoir publié, contient notre figure 33, qui mène à la conclusion que $L(\eta)$ est proportionnel à η^α. La valeur de l'exposant α dépend de la côte choisie, et divers morceaux d'une même côte, considérés séparément, donnent souvent des α différents. Aux yeux de Richardson, α était sans signification particulière. Mais ce paramètre mérite qu'on s'y arrête.

PREMIÈRES FORMES DE LA DIMENSION FRACTALE

Ma première contribution à ce domaine, lorsque Mandelbrot 1967s "exhuma" – si j'ose dire – le résultat empirique de Richardson d'un recueil où il aurait pu rester perdu pour toujours, a été d'interpréter α. J'interprétai $1 + \alpha$ comme une "dimension fractale", à dénoter par D. Je reconnus, en effet, que chacune des méthodes de mesure de $L(\eta)$, énumérées ci-dessus, correspond à une définition de la dimension, définition déjà utilisée en mathématiques pures, mais dont nul n'avait pensé qu'elle saurait aussi s'appliquer au concret.

Par exemple, la définition basée sur le recouvrement de la côte par de gros points de rayon η est utilisée par Pontrjagin & Schnirelman 1932, l'idée de la définition basée sur le recouvrement par un ruban de largeur 2η sert à Minkowski 1901, d'autres définitions sont liées à l'ϵ-entropie de Kolmogorov & Tihomirov 1959-1961.

Mais ces définitions, qui sont explorées au chapitre XIV, sont trop formelles pour être vraiment parlantes.

Nous allons maintenant examiner plus en détail un concept géométriquement bien "plus riche", à savoir, une forme abâtardie de la dimension de Hausdorff-Besicovitch, ainsi que le concept simple et parlant de dimension d'homothétie.

Une tâche plus fondamentale est de représenter et d'expliquer la forme des côtes, à travers une valeur de D qui dépasse 1. Nous nous y mettrons au chapitre VII. Qu'il suffise d'annoncer que la première approximation donne $D = 1,5$, valeur trop grande pour rendre compte des faits, mais qui n'en suffit que mieux pour établir qu'il est "naturel" que la dimension dépasse $D = 1$. De ce fait, celui qui voudrait récuser mes diverses raisons de considérer que $D > 1$ pour une côte, ne saurait plus revenir au stade naïf où $D = 1$ était admis sans réflexion: quiconque pense qu'il en est bien ainsi, est désormais dans l'obligation de justifier sa position.

DIMENSION (FRACTALE) DE CONTENU.
VERS LA DIMENSION DE HAUSDORFF-BESICOVITCH

Si l'on admet que diverses côtes naturelles sont "en réalité" de longueur infinie, et que leurs longueurs anthropocentriques ne peuvent en donner qu'une idée extrêmement partielle, comment peut-on donc comparer ces longueurs? Comment donc exprimer l'idée bien ancrée que toute courbe a un "contenu" quatre fois plus grand que chacun de ses quarts? Étant donné que l'infini égale quatre fois l'infini, il est bien permis de dire que toute côte est quatre fois plus longue que chacun de ses quarts, mais c'est vraiment un résultat sans intérêt. Heureusement, comme nous allons maintenant le montrer, il existe un contenu mieux adapté que la longueur.

La motivation intuitive part des faits que voici: un contenu linéaire se calcule en ajoutant des pas η non transformés, c'est-à-dire portés à la puissance 1, qui est la dimension de la droite, et le contenu d'une aire formée de petits carrés se calcule en ajoutant les côtés de ces carrés portés à la puissance 2, qui est la dimension du plan. Procédons donc de même dans le cas de la forme approchée d'une côte qui est implicite dans la première méthode de mesure des longueurs. C'est une ligne brisée, formée de petits segments de longueur η et entièrement recouverte par l'union de cercles de rayon η, centrés aux points utilisés pour la mesure. Si l'on porte ces pas à la puissance D, on peut dire qu'on obtient un "contenu approché dans la dimension D". Or, on constate que ce contenu approché varie peu avec η. En d'autres termes, nous constatons que la dimension définie formellement comme ci-dessus se comporte comme de coutume: le contenu calculé dans toute dimension d plus petite que D est infini, mais lorsque d est supérieur à D, le contenu s'annule, et il se comporte raisonnablement pour $d = D$.

Une définition précise du "contenu" est due à Hausdorff 1919 et a été élaborée par Besicovitch. Elle est nécessairement délicate, mais ses complications (esquissées au chapitre XIV) ne nous concernent pas ici.

DEUX NOTIONS INTUITIVES ESSENTIELLES: HOMOTHÉTIE INTERNE ET CASCADE

Nous avons, jusqu'ici, insisté sur l'aspect chaotique des côtes considérées comme figures géométriques. Examinons maintenant un ordre qui leur est sous-jacent, à savoir le fait que les degrés d'irrégularité que l'on rencontre aux diverses échelles sont en gros égaux.

Il est frappant, en effet, que lorsqu'une baie ou une péninsule que l'on avait retenue sur une carte au 1/100 000, est réexaminée sur une carte au 1/10 000, on aperçoit sur son pourtour d'innombrables sous-baies et sous-péninsules. Sur une carte au 1/1 000, on voit aussi apparaître des sous-sous-baies et des sous-sous-péninsules, et ainsi de suite. On ne peut pas aller à l'infini, mais on peut aller fort loin, et on trouve que les cartes correspondant aux niveaux d'analyses successifs, sont fort différentes dans ce qu'elles ont de spécifique, mais qu'elles ont le même caractère global, les mêmes traits génériques. En d'autres termes, on est amené à croire qu'à l'échelle près, le même mécanisme eût pu engendrer les petits aussi bien que les gros détails des côtes.

On peut penser à ce mécanisme comme une sorte de cascade, ou plutôt comme un feu d'artifice à étages, chaque étage engendrant des détails plus petits que l'étage précédent. Statistiquement parlant, tout morceau d'une côte ainsi engendrée est homothétique au tout – sauf en ce qui concerne des détails dont nous choisissons de ne pas nous occuper. Une telle côte sera dite posséder une homothétie interne, ou être self-similaire.

Cette dernière notion étant fondamentale mais délicate, nous allons commencer par l'affiner sur une figure plus régulière, que les mathématiciens se trouvent nous avoir préparée, sans savoir à quoi elle allait servir.

Nous verrons, ensuite, comment elle conduit à mesurer le degré d'irrégularité des courbes par l'intensité relative des grands et des petits détails, et – en fin de compte – par une dimension d'homothétie.

MODÈLE TRÈS GROSSIER DE LA CÔTE D'UNE ÎLE: LA COURBE EN FLOCON DE NEIGE DE VON KOCH

La cascade géométrique d'une côte peut être simplifiée, comme l'indiquent les figures 34-35. Supposons qu'un bout de côte tracé de façon simplifiée à l'échelle 1/1 000 000 soit tout bêtement un triangle équilatéral. Que le nouveau détail visible sur une carte qui représente un des côtés au 3/1 000 000 revienne à remplacer le tiers central de ce côté par un promontoire en forme de triangle équilatéral, d'où finalement une image formée de quatre segments égaux. Que le nouveau détail qui apparaît au 9/1 000 000 consiste à remplacer chacun de ces quatre segments, par quatre sous-segments de la même forme, mais plus petits dans un rapport d'un tiers, formant des sous-promontoires. Continuant ainsi à l'infini, on aboutit à une limite qu'on appelle courbe de von Koch (von Koch 1904). C'est une figure que Cesàro 1905 décrit dans les termes extatiques que voici: "C'est cette similitude entre le tout et ses parties, même infinitésimales, qui nous porte à considérer la courbe de von Koch comme une ligne vraiment merveilleuse entre toutes. Si elle était douée de vie, il ne serait pas possible de l'anéantir sans la supprimer d'emblée, car elle renaîtrait sans cesse des profondeurs de ses triangles, comme la vie dans l'univers."

Il s'agit bien d'une courbe et, en particulier, son aire est nulle, mais chaque étape de sa construction, de toute évidence, augmente la longueur totale dans le rapport 4/3, donc la courbe de von Koch a une longueur infinie – tout comme une côte. De plus, chose importante, elle est continue, mais en presque tous ses points, elle est dépourvue de tangente. C'est un être géométrique voisin d'une fonction continue sans dérivée.

Tout traité de mathématiques qui en parle souligne aussitôt que c'est nécessairement un monstre dépourvu d'intérêt concret. Et le physicien qui lit cela ne peut s'empêcher d'être d'accord. Ici, cependant, cette conclusion n'est pas permise, car nous venons précisément d'introduire la courbe de von Koch comme modèle simplifié d'une côte. Si ce modèle est effectivement inacceptable, ce n'est nullement parce qu'il est trop irrégulier, mais au contraire parce que – en comparaison avec celle d'une côte – son irrégularité est trop systématique. Son désordre n'est pas excessif, mais insuffisant!

Il nous faut citer à cet égard deux grands mathématiciens qui, tout en n'ayant pas contribué personnellement à la science empirique, se révèlent ici avoir eu un sens aigu du concret. Lévy 1970 écrivait: "Sans doute notre intuition prévoyait-elle que l'absence de tangente et la longueur infinie de la courbe sont liées à des détours infiniment petits que l'on ne peut songer à dessiner. (J'insiste sur ce rôle de l'intuition, parce que j'ai toujours été surpris d'entendre dire que l'intuition géométrique conduisait fatalement à penser que toute fonction continue était dérivable. Dès ma première rencontre avec la notion de dérivée, mon expérience personnelle m'avait prouvé le contraire.)"

Dans le même esprit, en résumant une étude passionnante (mais qui n'alla pas jusqu'à la notion de dimension) Steinhaus 1954 écrivait: "Nous nous rapprochons de la réalité, en considérant que la plupart des arcs rencontrés dans la nature sont non rectifiables. Cette affirmation est contraire à la croyance que les arcs non rectifiables sont une invention des mathématiciens, et que les arcs naturels sont rectifiables: c'est le contraire qui est vrai."

J'ai cherché d'autres citations dans le même style, mais je n'en ai point trouvé. J'en reste tout surpris.

Quel contraste entre mes arguments et mes citations, et la célèbre invective de Charles Hermite (1822-1901) qui lui ne se souciait que de rigueur et d'une certaine idée de pureté qu'il s'était inventée, et qui déclarait (écrivant à Stieltjes) se "détourner avec effroi et horreur de cette plaie lamentable des fonctions qui n'ont pas de dérivée". (On aimerait croire que cette phrase était ironique, mais un souvenir d'Henri Lebesgue suggère le contraire: "J'avais remis à M. Picard une note sur les surfaces applicables sur le plan. Hermite voulut un instant s'opposer à son insertion dans les *Comptes Rendus de l'Académie*. C'était à peu près l'époque où il écrivait..." suit le texte cité ci-dessus.)

LE CONCEPT DE DIMENSION D'HOMOTHÉTIE; COURBES FRACTALES TELLES QUE 1 < D < 2

Les longueurs des approximations successives de la courbe de von Koch peuvent être mesurées exactement, et le résultat est fort curieux: il a exactement la même forme analytique que la loi empirique de Richardson relative à la côte de la Bretagne, à savoir: $L(\eta) \propto \eta^{1-D}$. Une différence essentielle est que cette fois D n'est pas une grandeur physique à estimer empiriquement, mais une constante mathématique, dont on voit facilement qu'elle est égale à $\log 4/\log 3 \sim 1,2618$. Ce comportement va permettre de définir la dimension d'homothétie, nouvel avatar de la dimension fractale. Nous examinerons aussi des variantes de la courbe de von Koch, dont leurs dimensions sont toutes comprises entre 1 et 2.

Le procédé part d'une propriété élémentaire qui caractérise le concept de dimension euclidienne dans le cas d'objets géométriques simples et possédant une homothétie interne. On sait que, si on transforme une droite par une homothétie de rapport arbitraire, dont le centre lui appartient, on retrouve cette même droite, et il en est de même pour tout plan, et pour l'espace euclidien tout entier. Du fait qu'une droite a la dimension euclidienne $E = 1$, il s'ensuit que, quel que soit l'entier K, le "tout" constitué par le segment de droite semi-ouvert $0 \le x < X$ peut être "pavé" exactement (chaque point étant recouvert une fois et une seule) par $N = K$ "parties" qui sont des segments semi-ouverts de la forme $(k-1)X/K \le x < kX/K$, où k va de 1 à K. Chaque partie se déduit du tout par une homothétie de rapport $r(N) = 1/N$.

De même, du fait qu'un plan a la dimension euclidienne $E = 2$, il s'ensuit que, quel que soit K, le tout constitué par le rectangle $0 \leq x < X$ $0 \leq y < Y$ peut être pavé exactement par $N = K^2$ parties, qui sont les rectangles définis par

$$\frac{(k-1)X}{K} \leq x < \frac{kX}{K} \; ; \; \frac{(h-1)Y}{K} \leq y < \frac{hY}{K},$$

où k et h vont de 1 à K. Chaque partie se déduit maintenant du tout par une homothétie de rapport

$$r(N) = \frac{1}{K} = \frac{1}{N^{1/2}}.$$

Pour un parallélépipède rectangle, le même argument donne

$$r(N) = \frac{1}{N^{1/3}}.$$

Finalement, on sait qu'il n'y a aucun problème sérieux à définir des parallélépipèdes rectangles dont la dimension euclidienne est $D > 3$; dans ces cas,

$$r(N) = \frac{1}{N^{1/D}}.$$

Donc, dans tous les cas classiques, on a la relation

$$\log r(N) = \log N^{-1/D} = -\frac{\log N}{D},$$

ou encore

$$D = -\frac{\log N}{\log r(N)} = \frac{\log N}{\log(1/r)}.$$

Bien sûr, la dimension euclidienne est toujours un entier.

Pour généraliser, observons que l'expression de la dimension en tant qu'exposant d'homothétie continue d'avoir un sens formel pour toute figure qui – telle la courbe de von Koch – n'est ni un segment ni un carré, mais reste telle que le tout est décomposable en N parties qui en sont déduites par homothétie de rapport r (suivie de déplacement ou de symétrie). Ceci démontre que, tout au moins formellement, le domaine de validité du concept de dimension d'homothétie va au-delà des parallélépipèdes. De plus, chose nouvelle, le D ainsi obtenu n'est pas nécessairement un entier. Par exemple, dans le cas de la courbe de von Koch, $N = 4$ et $r = 1/3$, donc $D = \log 4/ \log 3$. On peut également varier la construction de von Koch, en modifiant la forme des promontoires et en ajoutant des baies – comme par exemple sur les figures 36 et 37. On obtient ainsi, en quelque sorte, des cousines de ladite courbe, de dimensions égales à $\log 5/ \log 4$, $\log 6/ \log 4$, $\log 7/ \log 4$ et $\log 8/ \log 4 = 1, 5$. Puis, la figure 39 en donne une variante, l'interprétant aussitôt d'une nouvelle façon concrète.

LE PROBLÈME DES POINTS DOUBLES.
LA COURBE DE PEANO, QUI REMPLIT LE PLAN

Il est aisé de vérifier qu'aucune de nos courbes à la von Koch ne possède de point double. Mais il n'en serait plus nécessairement de même, si l'on poussait la même construction, dans l'espoir d'obtenir une trop grande valeur de D. Par exemple, la figure 41 montre ce qui arrive dans le cas $r = 1/3$, $N = 9$. Nous trouvons formellement que $D = 2$, mais la courbe limite correspondante, qui est une courbe de Peano, a inéluctablement une infinité de points doubles. Il s'ensuit que, pour elle, le concept de pavage change de signification, et que la définition de la dimension d'homothétie devient discutable.

DIMENSION D'HOMOTHÉTIE GÉNÉRALISÉE

Supposons qu'une figure soit découpable en N parties qui n'ont, deux à deux, aucun point commun, mais dont chacune se déduit du tout par une homothétie de rapport r_n, suivie éventuellement de rotation ou de symétrie. Dans le cas où tous les r_n sont identiques, nous savons que la dimension d'homothétie est $D = \log N/ \log(1/r)$. Afin de généraliser, considérons

$$g(d) = \sum_{n=1}^{N} r_n^d$$

comme fonction de d. Lorsque d varie de 0 à ∞, cette fonction décroît de N à 0 de façon continue et passe une fois et une seule par la valeur 1. Donc l'équation $g(d) = 1$ a une racine positive et une seule, qui sera désignée par D. Elle généralise la dimension d'homothétie.

Ce D conserve un sens lorsque les parties ont des points communs, mais en nombre "suffisamment petit". En d'autres termes, il faut en général, traiter D formel avec précaution. Le manque d'attention peut conduire aux pires absurdités, comme on le voit sur la figure 42.

SENS PHYSIQUE DES DIMENSIONS FRACTALES, LORSQUE L'ON SE REFUSE AU PASSAGE À LA LIMITE. COUPURES INTERNE ET EXTERNE

Pour obtenir la courbe de von Koch, le mécanisme d'addition de nouveaux promontoires, de plus en plus petits, est poussé à l'infini. C'est indispensable, afin que la propriété d'homothétie interne soit vérifiée, et que, par conséquent, l'une ou l'autre des définitions de la dimension fractale ait un sens. Il se trouve que, dans le cas des côtes, la supposition selon laquelle les promontoires s'ajoutent sans fin est raisonnable, mais que l'homothétie interne ne tient que dans certaines limites. En effet, aux échelles extrêmement petites, le concept de côte cesse d'appartenir à la géographie. Strictement parlant, le détail de l'interface entre l'eau, l'air et la pierre est du ressort de la physique moléculaire. Il est donc nécessaire de se demander ce qui se passe quand le passage à l'infini est interdit.

Il est raisonnable de supposer que la côte réelle est assujettie à deux "coupures". Sa "coupure externe" Λ se mesure en dizaines ou en centaines de kilomètres. Pour une côte ne se bouclant pas, Λ pourrait être la distance entre les deux extrémités. Pour une île, Λ pourrait être le diamètre du plus petit cercle qui contient toute la côte.

D'autre part, la "coupure interne" se mesure en centimètres.

Cependant, même dans ce cas, le nombre D garde la signification d'une "dimension physique effective", sous la forme où ce concept a été décrit au chapitre I. Intuitivement comme pragmatiquement, des points de vue de la simplicité comme du naturel des termes correcteurs requis, une approximation de très haut degré à la courbe originale de von Koch est plus proche d'une courbe de dimension $\log 4/\log 3$, qu'elle n'est d'une courbe rectifiable de dimension 1. En somme, une côte est comme une pelote de fil. Il est raisonnable de dire que, du point de vue de la géographie (c'est-à-dire dans la zone des échelles allant d'un mètre à cent kilomètres), la côte a pour dimension le D estimé par Richardson. Ce qui n'exclut pas que, du point de vue de la physique, elle ait une dimension différente, qui serait associée au concept d'interface entre eau, air et sable, et qui serait, de ce fait, insensible à toutes les influences variées qui dominent la géographie.

Pour résumer, le physicien a raison de traiter le passage à la limite mathématique avec prudence. La dimension fractale implique un tel passage, donc est suspecte. Je ne compte plus le nombre d'occasions où un physicien ou un ingénieur me le fit remarquer. C'est peut-être à cause de cette suspicion que le rôle physique de la dimension fractale n'a pas été découvert avant mes propres travaux. Mais nous voyons que, dans le cas présent, l'application de l'infinitésimal au fini ne doit provoquer aucune crainte si elle procède avec prudence.

Fig. 33 : LONGUEURS APPROCHÉES DES CÔTES, SELON LEWIS FRY RICHARDSON

Dans le cas du cercle, que cette figure traite comme si c'était une courbe empirique, on voit clairement que la longueur approchée $L(\eta)$ varie comme il se doit: elle tend vers une limite quand $\eta \to 0$. Dans tous les autres cas, $L(\eta)$ augmente sans donner l'impression de converger vers aucune limite. La présente figure est dessinée en coordonnées bilogarithmiques. Si sa pente est dénotée par $1 - D$, elle constitue une méthode d'estimation de la dimension fractale D.

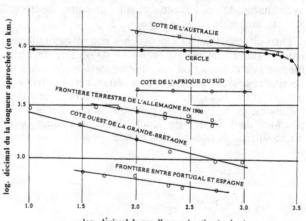

Fig. 34-35 : LA COURBE DE VON KOCH ET L'ÎLE CHIMÉRIQUE "EN FLOCON DE NEIGE"

L'exemple classique de courbe continue non rectifiable à homothétie interne est constitué par le tiers inférieur de la limite du présent diagramme. Il est appelé "Courbe de von Koch" et l'intérieur de la courbe est souvent appelé "Flocon de neige" mais je préfère le terme "Ile de von Koch".

La construction du bas de la page 34 part d'une île en forme de triangle équilatéral. Puis, sur le tiers central de chacun des trois côtés de longueur unité, on ajoute un cap en forme de Δ, aux côtés égaux à un tiers. On obtient ainsi un hexagone régulier étoilé ou Etoile de David, dont le périmètre a une longueur égale à 4. On procède de même avec chacun de ses 12 côtés, et ainsi de suite, aboutissant au diagramme du haut de la page 35.

On voit que l'île de von Koch s'inscrit naturellement dans un hexagone régulier convexe. D'où une deuxième méthode de construction, en quelque sorte inverse de celle décrite ci-dessus, qui consiste à retrancher des baies en partant d'un hexagone. Cesàro a combiné les deux méthodes, et le bas de la page 35 montre comment le pourtour de l'île de von Koch s'obtient comme limite d'une surface de plus en plus effilée.

$D = \log_3 4 \sim 1,26$

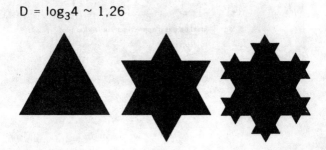

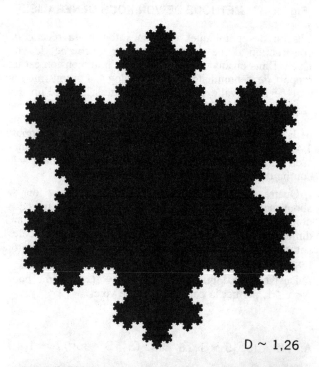

$D \sim 1{,}26$

Fig. 36-37: MÉTHODE DE VON KOCH GÉNÉRALISÉE

Chacun des graphiques ci-dessous fournit la recette de construction d'une généralisation de la courbe de von Koch. Dans chaque cas, $r = 1/4$, donc la dimension est un rapport de dénominateur $\log(1/r) = \log 4$. La construction part de l'intervalle [0, 1], puis le remplace par l'un des "générateurs" A, B, C ou D, donnant une courbe "préfractale". Ensuite, on substitue à chacun des segments de la préfractale le même générateur réduit dans le rapport $1/4$, et ainsi de suite sans fin. Les courbes limites sont "self-similaires", et sans point double, contrairement à la courbe de Peano de la figure 41.

Quatre itérations à partir des générateurs A ou D aboutissent aux approximations de courbes fractales données par la page suivante. La courbe F a une dimension excessive par rapport à la majorité des côtes naturelles. Par contre, la courbe E a une dimension plutôt trop petite.

De façon analogue une fonction $y = f_0(x)$, définie pour $0 < x \leq 1$, permet la construction que voici:

A: $D = \log_4 5 \sim 1,16$ C: $D = \log_4 7 \sim 1,40$

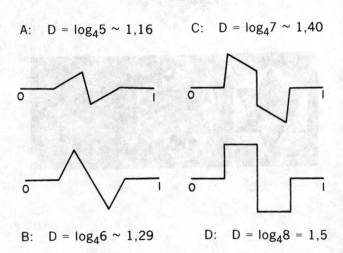

B: $D = \log_4 6 \sim 1,29$ D: $D = \log_4 8 = 1,5$

On définit $f_1(x)$ comme étant la fonction périodique, de période $1/b$, qui est égale à $wf_0(bx)$ pour $1 \le x < 1/b$. De même, $f_n(x)$ est de période b^{-n}, égale à $w^{-n}f_0(b^n x)$ pour $0 \le x < b^{-n}$. Si $w < 1/b$, la série $\sum f_n(x)$ est partout convergente et sa somme $G(x)$ est continue, mais elle n'a pas de dérivée. Weierstrass a étudié cette construction quand les "parties" $f_n(x)$ sont des sinusoïdes. (P.-S. 1989. Les graphes des fonctions $G(x)$ ne sont pas self-similaires, mais "self-affines". La notion de self-affinité est discutée dans Mandelbrot 1985s et 1986t, et résumée dans la contribution de R. F. Voss à Peitgen & Saupe 1988.)

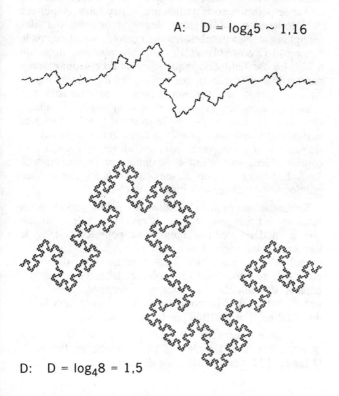

A: $D = \log_4 5 \sim 1{,}16$

D: $D = \log_4 8 = 1{,}5$

Fig. 39 : SCHÉMA ARBORESCENT DU POUMON

Cette variante de la construction de von Koch ressemble à une coupe du poumon. Le modèle médiocre, mais suffit pour dégager un lien est entre, d'une part, les connexions qui permettent à cet organe d'établir un contact intime entre l'air et le sang, et d'autre part, le concept d'objet fractal.

Comme dans le petit diagramme en haut et à gauche, chaque poumon est un triangle isocèle, au sommet légèrement obtus (angle de $90° + \epsilon$), et la trachée artère appartient à un dièdre d'angle 2ϵ. A la trachée artère se joint dans chaque direction, une bronche d'angle 2ϵ. Elle divise le poumon correspondant en deux lobes, supérieur et inférieur, qui sont tous deux circonscrits par des triangles isocèles semblables au contour initial, dans le rapport $1/[2 \cos(\pi/4 - \epsilon/2)]$, soit un peu en deçà de 0,707. En parallèle, de chaque segment du contour externe part un triangle de chair, qui partage le lobe correspondant en deux sous-lobes. On ajoute ainsi, à tour de rôle, des sous-sous-bronches et des sous-sous-triangles de chair. On voit en bas à droite le résultat après quelques itérations. Continuant la même construction sans fin, on finirait par une coupe de poumon idéale, qui serait une courbe de longueur infinie et de dimension D juste en deçà de 2. Extrapolant à trois dimensions, on aurait une surface pulmonaire de dimension juste en deçà de 3.

Revenant au plan, l'identité des lobes supérieur et inférieur est fort peu réaliste. Il en est de même du fait que le modèle prédit la même aire pour les coupes de l'ensemble des bronches et du tissu. Enfin, les vraies bronches bifurquent en sous-bronches de diamètres comparables, sans petites bronchioles latérales. Tous ces défauts du modèle sont faciles à corriger, grâce à la généralisation de l'homothétie interne, décrite vers la fin du chapitre II et illustrée par la figure 42.

La limite caractérisée par $\epsilon = 0$ et $D = 2$ est qualitativement différente. C'est la courbe de Peano de la figure 123, variante de celle de la figure 41.

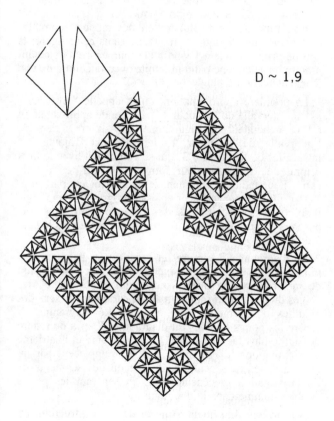

$D \sim 1{,}9$

Fig. 41 : LA COURBE ORIGINALE DE PEANO

Le terme "courbe de Peano" s'applique génériquement à toute une famille de courbes pathologiques qui ont joué de 1890 à 1925 un rôle décisif dans l'élaboration du concept de dimension topologique, et qui se trouvent fournir une excellente illustration des rapports entre les dimensions topologique et fractale. Dans cette figure, la courbe originale due à Peano a été tournée de 45°, ce qui montre qu'elle a une parenté étroite avec la courbe de von Koch.

La première approximation, qu'on appelle "initiateur", est un intervalle de longueur 1. La seconde approximation est ce générateur du diagramme A. Aux trois tiers de l'intervalle de longueur 1, le générateur ajoute six intervalles de longueur 1/3, qui se combinent avec le tiers central de l'initiateur pour former un "huit" en double carré. Pour indiquer comment le générateur est parcouru, le trait utilisé pour le tracer épaissit progressivement, puis il désépaissit. On fait 3 pas vers le haut à droite, puis trois pas vers le bas à gauche, enfin trois pas encore vers le haut à droite.

Le diagramme B montre un carré, et le diagramme C montre ce qui arrive si le générateur est placé sur chacun des quatre côtés du carré. Tout ce qui est "à droite" des copies du générateur (contournant le carré dans le sens des aiguilles d'une montre) est en noir. Le diagramme D sépare les points doubles du diagramme B, afin de rendre la courbe plus facile à suivre. Les troisième et quatrième approximations (diagrammes E et F) remplacent par un huit carré les tiers centraux de chacun des segments de l'approximation précédente, tout en séparant les points doubles comme dans le diagramme D.

Aux stades finis mais avancés de la construction, on voit apparaître une forme étrange qu'on peut appeler "île de Peano". Son contour constitue un carré d'aire deux fois plus grande que celle du carré B. Des baies la pénètrent si profondément et si uniformément, qu'il n'est point de région qui ne finisse par se partager entre terre ferme et eau en proportions à peu près égales !

41

La courbe de Peano établit une correspondance continue entre le contour du carré initial et l'intérieur du contour final, mais cette correspondance n'est pas un-à-un. La courbe, en effet, a un nombre infini de points doubles, et c'est inévitable – voir, au chapitre XIV, la définition de la dimension topologique. Soulignons que ces points doubles n'ont pas pu être clairement indiqués sur le graphique, car ils auraient rendu impossible de suivre la continuité de la courbe. En fait, partout où l'on voit deux points très rapprochés, ils sont, en fait, confondus. Une autre correspondance entre une courbe et le plan s'établit à travers le mouvement brownien plan (fig. 49), lequel peut être considéré comme une version stochastique – le chapitre XIII l'appelle "randonisée" – de la courbe de Peano. Si l'on ne se gêne pas pour compter les points doubles de façon répétée, la courbe de Peano se révèle être à homothétie interne et de dimension fractale égale à 2, conformément au fait qu'elle couvre le plan.

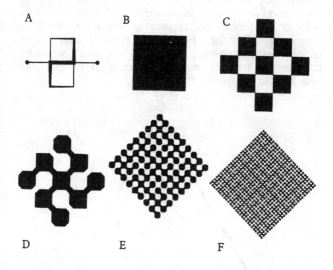

Fig. 42: GUET-APENS À ÉVITER DANS L'ÉTUDE DE L'HOMOTHÉTIE INTERNE GÉNÉRALISÉE

Une autre façon de généraliser la courbe de von Koch prend comme générateur la ligne en zigzag dessinée ci-dessous. La courbe fractale ainsi obtenue est recouvrable par quatre figures, que l'on peut déduire du tout par des homothéties de rapports respectifs $(1-r)/2, r, r$ et $(1-r)/2$, où $0 < r < 1$. Une dimension formelle est alors définie comme étant le nombre D qui satisfait à $\sum r_n^D = 1$. Quand r est assez petit, y compris le cas classique où l'on a $r_n = r = 1/3$, cette dimension formelle s'identifie à la dimension d'homothétie. Mais l'identification rencontre des limites. En particulier, il est nécessaire que $D < 2$ dans le plan. Or, quand $r > r_2 = (1 + \sqrt{6})/5 \sim 0{,}6898$, la dimension formelle dépasse 2. La clef du paradoxe est que l'homothétie interne n'a de sens strict qu'en l'absence de point double, ce qui n'est le cas ici que lorsque r reste en deçà d'une certaine valeur critique r_c, dont nous venons d'établir qu'elle ne peut dépasser $r_2 = 0{,}6898$. Quand $r > r_2$, un grand nombre de points sont comptés énormément de fois, d'où un D formel qui dépasse la dimension $E = 2$ de l'espace enveloppant. Enfin, $r = 1$ paraît donner $D = \infty$, ce qui n'est pas possible. Mais il n'y a aucun paradoxe, car pour $r = 1$ la construction de von Koch ne converge vers aucune limite.

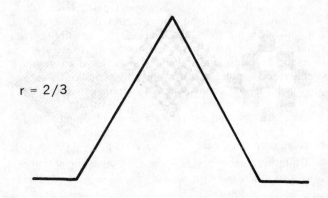

r = 2/3

CHAPITRE III

Le rôle du hasard

Ce chapitre continue la discussion du problème concret abordé au chapitre II, et amorce la discussion du deuxième mot du sous-titre de l'essai tout entier.

UTILISATION DU HASARD POUR AMÉLIORER LE MODÈLE DE CÔTE CONSTITUÉ PAR LA COURBE DE VON KOCH

Quelque évocatrice qu'elle soit des vraies cartes, la courbe de von Koch a deux défauts, que nous allons retrouver presque sans variation dans les premiers modèles des autres phénomènes à caractère fractal étudiés dans cet essai: ses parties sont identiques entre elles, et les rapports d'homothétie interne doivent faire partie d'une échelle stricte, à savoir: $1/3$, $(1/3)^2$, etc. On pourrait songer à améliorer le modèle, en compliquant l'algorithme tout en lui conservant un caractère entièrement déterministe, mais cette méthode serait, non seulement fastidieuse, mais encore mal inspirée. Il est clair, en effet, que toute côte a été modelée, au cours des siècles, par des influences multiples, qu'il n'est pas question de suivre en détail. Lorsque la mécanique traite des systèmes d'un nombre immense de molécules, les lois régissant celles-ci au niveau local sont connues dans leur plus extrême détail, et c'est leur interaction au niveau global qui est mal connue. La situation est pire en géomorphologie, car le local et le global sont également incertains. Donc, plus encore qu'en mécanique, la solution doit être statistique.

Un tel recours au hasard évoque, inévitablement, toutes sortes d'inquiétudes quasi métaphysiques, mais nous n'allons pas nous en soucier. Cet essai n'invoque le hasard, tel que le calcul des probabilités nous apprend à le manipuler, que parce que c'est le seul modèle mathématique dont dispose celui qui cherche à saisir l'inconnu et l'incontrôlable. Fort heureusement, ce modèle est à la fois extraordinairement puissant et bien commode.

HASARD SIMPLEMENT INVOQUÉ ET HASARD PLEINEMENT DÉCRIT

Hâtons-nous de souligner que, pour décrire une variante probabiliste du modèle de von Koch, il ne suffit pas de dire "qu'on n'a qu'à en battre les parties, tout en variant leurs tailles". On rencontre fréquemment cet argument, mais souhaiter et invoquer ainsi le hasard est plus facile que de décrire les règles permettant de le réaliser. Pour être précis, la question qui se pose en premier lieu est celle-ci : nous savons que le hasard peut engendrer l'irrégularité, mais est-il capable d'engendrer une irrégularité aussi intense que celle des côtes, dont nous cherchons un modèle? Il se trouve, non seulement qu'il le peut, mais qu'il est bien difficile, dans maints cas, d'empêcher le hasard d'aller au-delà de ce qu'on désire.

En d'autres termes, on semble avoir l'habitude de sous-estimer la puissance du hasard à engendrer des monstres. La faute en est due, semble-t-il, au fait que le concept de hasard du physicien a été modelé par la mécanique quantique et la thermodynamique, deux théories au sein desquelles le hasard intervient au niveau microscopique, où il est essentiel, tandis qu'au niveau macroscopique il est "bénin". Je définis ce dernier terme (et j'en parle longuement) dans un inédit sur les *Formes nouvelles du hasard dans les sciences* (repris en partie dans Mandelbrot & Wallis 1968 et dans Mandelbrot 1973f). Tout au contraire, dans le cas des objets qui nous concernent, l'homothétie interne fait que le hasard doit avoir précisément la même importance à toutes les échelles, ce qui implique qu'il n'y a plus aucun sens à parler de niveaux microscopique et macroscopique. Par suite, le même degré d'irrégularité qui, dans une construction certaine (sans hasard) comme celle de von

Koch, avait dû être introduit artificiellement et pathologiquement, peut fort bien, lorsqu'une construction est aléatoire, devenir quasiment inévitable. Nous nous souvenons que c'est Jean Perrin qui remarqua l'analogie qualitative entre le mouvement brownien d'une particule (fig. 49) et la courbe sans dérivée de Weierstrass, et c'est Norbert Wiener qui transforma cette analogie en théorie mathématique. Le précurseur avait été Louis Bachelier, dont l'aventure est racontée au chapitre XV.

TRAÎNÉE DU MOUVEMENT BROWNIEN: CE N'EST PAS UN MODÈLE ACCEPTABLE D'UNE CÔTE

Définissons donc le mouvement brownien $P(t)$, où P est un point du plan, pour pouvoir dire aussitôt pourquoi sa "traînée" ne peut convenir comme modèle d'une côte. Le mouvement brownien est essentiellement une suite de tout petits déplacements qui sont mutuellement indépendants et isotropes (toutes les directions ont la même probabilité). Du point de vue de ce chapitre, le plus simple est de caractériser $P(t)$ à travers les approximations obtenues en prenant un compas d'ouverture fixe η: quel que soit η, les pas successifs d'un mouvement brownien ont des directions mutuellement indépendantes et isotropes.

La définition usuelle est plus indirecte. Pour tout couple d'instants t et $t' > t$, on définit le vecteur déplacement comme allant de $P(t)$ à $P(t')$, et on fait les hypothèses que voici:

A) La direction et la longueur de ce vecteur sont indépendantes de la position initiale $P(t)$ et des positions prises aux instants antérieurs à t.

B) Ce vecteur est isotrope.

C) Sa longueur est telle que la projection sur un axe quelconque obéit à la distribution gaussienne de densité

$$\frac{1}{\sqrt{2\pi|t'-t|}} \exp(-x^2/2|t'-t|).$$

La "traînée" que trace le mouvement brownien a désormais acquis le droit d'être comptée parmi les "hasards primaires" que nous allons décrire dans un instant. Malheureusement, elle ne convient en rien comme l'image d'une côte, car elle est, de très loin, trop irrégulière. En particulier, elle comporte des points multiples innombrables, au strict sens mathématique de non-dénumérables, ce qui, bien entendu, est inacceptable pour une côte. C'est même là une de ces courbes extraordinaires qui — telle la courbe de Peano du chapitre II — remplissent tout le plan. On peut la forcer à éviter d'avoir des boucles, mais nous ne le ferons qu'au chapitre VII.

LA NOTION DE HASARD PRIMAIRE

En attendant, je crois utile — tout au moins pour certains lecteurs — de dire deux mots des raisons (profondes, variées, et au fond encore mal connues) qui font que très souvent le résultat d'opérations déterministes mime l'aléatoire que décrit le calcul des probabilités.

La question se pose déjà de façon particulièrement exemplaire dans le contexte du pseudo- aléatoire que l'on simule sur ordinateur, de façon délibérée et artificielle. C'est ainsi que les dessins prétendument aléatoires que l'on trouve dans la suite de ce livre ont presque tous été construits de façon parfaitement déterminée. Le procédé utilise une suite de nombres, qu'on traite comme s'ils avaient été les résultats de jets d'un dé à dix faces (0 à 9), mais qui en réalité sont créés par un "pseudo-dé". Celui-ci consiste en un programme sur ordinateur, combiné avec un nombre qu'on appelle "graine". Ce nombre peut être choisi arbitrairement (disons, le numéro de téléphone du programmateur). Mais le programme est tel que, chaque fois qu'on "plante" la même graine, le pseudo-dé "fait pousser" la même suite pseudo-"aléatoire".

Notons que l'image de la "graine" est parlante (et désormais impossible à changer), mais qu'elle exprime très mal l'intention de celui qui cherche à simuler le hasard. En effet, si tout jardinier espère que ce qu'il va récolter ne va pas dépendre seulement du sol mais surtout de ce qu'il y sème, j'espère que le choix de la graine n'aura aucun effet marquant sur mes simulations.

Le pseudo-dé à dix faces constitue donc une sorte de pivot obligatoire de toute simulation. Son amont est de caractère universel, et il faut, pour le justifier, faire intervenir l'interface entre la théorie des nombres et le calcul des probabilités. Quant à son aval, il est très variable selon l'enjeu, et il exige, chez ceux qui l'étudient, une tout autre tournure d'esprit. De là vient une division très naturelle du travail, entre les spécialistes de l'amont, dont je ne suis pas, et ceux de l'aval, dont je suis.

Tout ceci fait mieux comprendre comment le savant s'attaque au pseudo-aléatoire naturel. Là aussi, on voit, en général, se séparer deux stades, dont l'étude exige des tournures d'esprit très différentes. Cependant, il n'y a pas de pivot universel, indépendant de la nature du problème et de la manière de l'aborder. On a affaire, suivant le cas, à l'un ou l'autre d'un grand nombre de "hasards primaires" possibles. Celui qui est le plus souvent invoqué reste le dé, interprété comme objet physique idéalisé, mais il y en a bien d'autres encore, tels que points tombant sur un cercle avec une distribution uniforme de probabilité, ou étoiles distribuées dans le Ciel de façon statistiquement uniforme (liée à la loi de Poisson). Notons que, lorsqu'il y a, non pas une, mais deux ou plusieurs variables, ou même une infinité lorsqu'il s'agit de caractériser une courbe, l'hypothèse primaire consiste typiquement à les supposer indépendantes. Tels sont les déplacements d'un mouvement brownien.

Quel qu'il soit, ce qui caractérise un hasard primaire est qu'il intervient comme point de séparation entre deux stades d'une théorie, l'amont, dont nous ne dirons quasiment rien dans ce livre, et l'aval, qui va prendre des formes variées et inattendues.

Fig. 49 : ÉCHANTILLONS DE MOUVEMENT BROWNIEN VRAI, ET CHAOS HOMOGÈNE

Cette figure reproduit quelques bouts de mouvement brownien plan (à savoir, trois détails et un grand morceau) d'après *Les Atomes*, Perrin 1913. Chaque segment réunit artificiellement les positions successives, sur le plan focal d'un microscope, d'une particule soumise à des chocs moléculaires. Si on regardait la trajectoire à des instants deux fois plus rapprochés, chaque saut serait remplacé par deux sauts de longueur totale supérieure. Dans le modèle mathématique, ledit allongement de la trajectoire se poursuit sans fin, et par suite la longueur totale d'un échantillon est infinie. Par ailleurs, sa surface est nulle. Cependant, sa dimension est $D=2$, et (dans un certain sens), il remplit le plan de façon uniforme. Ceci est l'un des sens multiples qui ont permis à N. Wiener de dire que le "chaos" brownien est homogène.

Dans la perspective qui sera décrite au chapitre VI, il s'agit ici, en première approximation, d'un vol de Rayleigh particulier. Dénotant par U un saut dudit vol, il s'agit ici du cas où U^2 est une variable aléatoire exponentielle.

D = 2

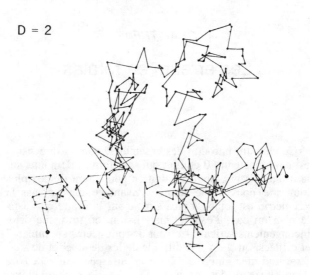

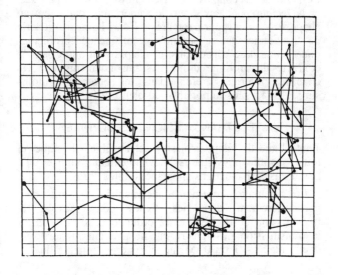

CHAPITRE IV

Les erreurs en rafales

Ce chapitre introduit des ensembles, dont la dimension est comprise entre 0 et 1, et qui sont formés de points sur la droite. Ils ont, pour qui doit en poursuivre l'étude plus loin que nous ne le ferons, l'avantage majeur que la géométrie est toujours plus simple sur la droite que dans le plan ou dans l'espace, mais ils ont en revanche deux inconvénients sérieux: Ce sont des poussières si "minces" et effilées, qu'il est fort difficile de les dessiner et de s'en faire une idée intuitive. C'est là un aspect qui sera noté dans plusieurs des légendes. De plus, le seul problème concret qui puisse nous servir de support est ésotérique. Le style de ce chapitre et du chapitre V est un peu sec, et le lecteur peut envisager de sauter immédiatement au chapitre VI, qui (pour paraphraser Henri Poincaré) reparle de "problèmes qui se posent", plutôt que de "problèmes que l'on se pose". Toutefois, ce chapitre introduit dans le contexte de la ligne droite des raisonnements que les chapitres ultérieurs refont dans les contextes, moins simples mais plus importants, du plan et de l'espace.

LA TÉLÉTRANSMISSION DES DONNÉES

Toute ligne de télétransmission est un objet physique, et toute quantité physique est inévitablement soumise à de nombreuses fluctuations spontanées, dites "bruits".

Les fluctuations qui nous concernent ici se manifestent particulièrement dans les lignes consacrées à la transmission de données entre ordinateurs, c'est-à-dire à la transmission de signaux qui ne peuvent prendre que deux valeurs: 1 ou 0. Même si l'énergie relative du "1" est très forte, il arrive de temps en temps que le bruit soit suffisamment intense pour déformer le "1" en "0", ou inversement. De ce fait, la distribution des erreurs reflète celle du bruit, tout en la simplifiant – si j'ose dire – jusqu'à l'os, puisqu'une fonction ayant de très nombreuses valeurs possibles (le bruit) est remplacée par une fonction à deux valeurs : elle égale zéro s'il n'y a pas d'erreur. Elle égale un s'il y en a. L'intervalle entre deux erreurs sera appelé "intermission".

Ce qui rend le problème difficile, c'est qu'on sait très mal comment le bruit dépend de la nature physique de la ligne de transmission. Dans un cas, cependant, que nous allons discuter, le bruit a des caractéristiques fort curieuses, et fort importantes du point de vue conceptuel qui nous concerne ici, aussi bien d'ailleurs que du point de vue pratique. (Voir les P.-S. de la p. 59.)

Sans nous attarder à ce dernier aspect, il est bon de signaler que la racine même des travaux décrits dans cet essai se trouve dans l'étude des bruits en question. Je m'y intéressai sans soupçonner leur retentissement théorique futur, parce qu'on avait là une question pratique importante, et qui échappait aux outils ordinaires des spécialistes.

Analysons donc nos erreurs de façon de plus en plus fine. Tout d'abord, on observe des heures au cours desquelles il n'y a aucune erreur. De ce fait, tout intervalle de temps, flanqué de deux intermissions dont la longueur est d'une heure ou plus, fait figure de "rafale d'erreurs", laquelle sera considérée comme "rafale d'ordre zéro". Mais regardons-la plus en détail. Nous y verrons plusieurs intermissions de 6 minutes ou plus, séparant des "rafales d'erreurs d'ordre 1". De même, chacune de ces dernières rafales contient plusieurs intermissions de 36 secondes ou plus, séparant des "rafales d'ordre 2". Ainsi de suite..., chaque étape se définissant par des intermissions minimum dix fois plus courtes que la précédente. Pour avoir une idée de cette hiérarchie, il est utile d'examiner la figure 61.

Empiriquement, le plus remarquable est que les distributions de chaque ordre de rafales, par rapport à l'ordre immédiatement supérieur, se sont révélées être identiques du point de vue statistique. On découvre ainsi un nouvel exemple d'homothétie interne, et la dimension fractale n'est pas loin, mais, avant de la préciser, nous allons – comme au chapitre II – inverser l'ordre du développement historique des idées, et examiner d'abord, non pas le modèle que je recommande, mais une variante non aléatoire, très grossière donc nettement plus simple, et très importante en soi.

UN MODÈLE GROSSIER DES RAFALES D'ERREURS LA POUSSIÈRE DE CANTOR, UNE FRACTALE DE DIMENSION COMPRISE ENTRE 0 ET 1

L'ensemble des erreurs vient d'être décrit en enlevant de la droite des intermissions de plus en plus courtes. Observer cette structure m'a irrésistiblement fait penser à une célèbre construction mathématique, dont le résultat est généralement appelé ensemble de Cantor, mais qui recevra dans ce livre l'appellation nouvelle de "poussière de Cantor". Le nom de Georg Cantor domine la préhistoire de la géométrie fractale, mais j'ai délibérément tardé à le citer dans cet essai, car il est bien établi qu'il ne manque jamais de provoquer la répulsion parmi les physiciens. Je vais essayer de montrer que cette répulsion n'est pas justifiée.

La poussière triadique de Cantor se construit en deux étapes: on interpole, puis (étape moins généralement connue, mais essentielle) on extrapole.

L'interpolation procède comme suit. On part du segment [0, 1] (la direction des crochets indique que les points extrêmes sont inclus) et on enlève le tiers central, désigné par]1/3, 2/3[(il ne comprend pas les points extrêmes). Ensuite, de chacun des tiers restants, on enlève son propre tiers central, et ainsi de suite à l'infini. Le résultat final de cette interpolation est si ténu, qu'il est impossible de le représenter graphiquement à lui tout seul. Heureusement, il est identique à l'intersection de la "barre de Cantor" (fig. 62) avec son axe, ou de la courbe de von Koch (un tiers de la côte de l'île illustrée en haut de la figure 35) avec le segment qui en constitue la "base".

Quant à l'extrapolation la plus simple, elle double de façon répétée le nombre de répliques de l'ensemble interpolé. D'abord, on place une réplique sur le segment [2, 3] obtenant ainsi l'ensemble original agrandi dans le rapport 3. Puis on place deux répliques sur [6, 7] et [8, 9], obtenant ainsi l'ensemble original agrandi dans le rapport 9. Ensuite, quatre répliques sont placées sur [2 × 9, 2 × 9 + 1], [2 × 9 + 2, 2 × 9 + 3], [2 × 9 + 6, 2 × 9 + 7] et [2 × 9 + 8, 3 × 9], donnant l'ensemble initial agrandi dans le rapport 27, et ainsi de suite.

Il est aisé de voir que la poussière de Cantor interpolée et extrapolée possède une homothétie interne, et que sa dimension est

$$D = \frac{\log 2}{\log 3} = \log_3 2 \sim 0{,}6309 \ldots .$$

De plus, en variant la "règle de dissection", on peut également aboutir à des dimensions différentes, mais toujours comprises entre 0 et 1.

On peut également vérifier que, sur la portion [0, 1] de la poussière de Cantor, le nombre d'intermissions de longueur plus grande que u est $N(u) \propto u^{-D}$. Plus précisément, $N(u)$ est représenté par une courbe en escalier passant constamment de part et d'autre de u^{-D}. Nouvelle intervention de la dimension – et nouvelle façon de la mesurer!

NOMBRE MOYEN D'ERREURS
DANS LE MODÈLE CANTORIEN

Comme nous l'avons fait pour une côte, on peut obtenir une idée grossière de la suite d'erreurs qui nous préoccupe, en poursuivant l'itération cantorienne un nombre fini de fois. On arrête l'interpolation dès qu'elle atteint des segments égaux à une petite échelle interne η, correspondant à la durée d'un symbole de communication, et on arrête l'extrapolation dès qu'elle atteint une grande échelle externe Λ. Enfin, pour obtenir une suite de longueur supérieure à Λ, on répète cette construction de façon périodique.

Dès lors, quel va être le nombre $M(R)$ d'erreurs dans un échantillon de longueur R croissante? Lorsque l'échantillon commence à l'origine, il est facile de voir que, si R est plus petit que Λ, le nombre d'erreurs double à chaque fois que R se multiplie par 3. Donc le nombre total d'erreurs croît comme $M(R) \propto R^D$, par suite le nombre moyen d'erreurs décroît à peu près comme R^{D-1}.

Arrêtons-nous pour noter un nouveau thème essentiel. La géométrie élémentaire nous apprend le rôle que D joue dans les expressions qui donnent la longueur d'un segment, l'aire d'un disque (intérieur d'un cercle) et le volume d'une boule (intérieur d'une sphère). Eh bien, ce rôle vient d'être généralisé à des D qui n'ont plus besoin d'être des entiers!

Revenons aux erreurs. Lorsque Λ est fini (l'extrapolation ayant été stoppée), leur nombre moyen décroît jusqu'à la valeur non nulle, $\propto \Lambda^{D-1}$, qu'il atteint pour $R = \Lambda$, puis il reste constant. Si Λ est infini, la moyenne continue de baisser, jusqu'à zéro. Enfin, si les données suggèrent un Λ fini et très grand, mais sans en permettre une bonne estimation, la limite inférieure de la moyenne est non nulle, mais reste très mal définie, donc sans utilité pratique.

Lorsque Λ est fini, on peut également faire débuter l'échantillon au milieu d'une intermission. Dans ce cas, la moyenne commence par être nulle, et le reste d'autant plus longtemps que l'intermission sera plus longue. Cependant elle finit, pour $R = \Lambda$, par atteindre la même valeur finale $\propto \Lambda^{D-1}$. Plus la valeur de Λ est grande, plus faible est la moyenne finale, et plus longue est la période initiale sans erreur, c'est-à-dire, plus grande est la probabilité que l'échantillon de t à $t + R$ soit libre d'erreur. Lorsque $\Lambda \to \infty$, cette dernière probabilité tend vers la certitude, posant ainsi des problèmes délicats que j'ai résolus en introduisant le concept de processus sporadique, Mandelbrot 1967b.

POUSSIÈRE DE CANTOR TRONQUÉE ET RANDONISÉE, CONDITIONNELLEMENT STATIONNAIRE

Les insuffisances de la poussière de Cantor du point de vue pratique sont que sa régularité est excessive, et que l'origine y joue un rôle privilégié, qui ne se justifie aucunement. Il est donc nécessaire de chercher un objet analogue, qui serait irrégulier parce qu'aléatoire, et qui ne serait superposable sur lui-même que du point de vue statistique. La terminologie probabiliste le qualifie de stationnaire.

Un moyen simple d'atteindre en partie ce but a été proposé dans Berger & Mandelbrot 1963. Le point de départ est une approximation tronquée de la poussière de Cantor, dont les échelles interne et externe satisfont $\eta > 0$ et $\Lambda < \infty$. Il suffit de randoniser (battre au hasard) l'ordre de ses intermissions, pour les rendre statistiquement indépendantes les unes des autres. De plus, la règle de la page 53 concernant les longueurs des intermissions comporte une fonction en escalier. On la remplace par l'expression u^{-D} elle-même.

En résumé, on fait les hypothèses que les intermissions successives sont des entiers statistiquement indépendants, et que la distribution de leurs longueurs satisfait à la "distribution hyperbolique" $Pr(U \geq u) = u^{-D}$, qui se lit: "La probabilité d'atteindre ou de dépasser u égale u^{-D}".

L'hypothèse d'indépendance fait que les erreurs forment un "processus de renouvellement", dit encore "processus récurrent". Si l'origine est un "point de récurrence", l'avenir et le passé sont statistiquement indépendants, mais si l'origine est choisie arbitrairement, ils ne le sont pas.

Nous allons souvent retrouver la distribution hyperbolique, car elle est intimement liée à tout ce qui concerne l'homothétie statistique.

Nous allons montrer que les erreurs ainsi distribuées peuvent effectivement être analysées comme formant des rafales hiérarchisées. En l'absence de terme français généralement accepté (et pour éviter l'emprunt usuel, "clustering"), je propose un néologisme qui se comprend tout seul, et dirai que les erreurs manifestent un "amassement" très marqué, et dont l'intensité est mesurée par l'exposant D.

Pour établir qu'il y a amassement, choisissons donc un "seuil" u_0. Définissons une " u_0-rafale" comme étant une suite d'erreurs contenues entre deux intermissions de longueur dépassant u_0. Séparons ensuite la suite d'erreurs en u_0-rafales successives. Distinguons les intermissions " $> u_0$ " et " $< u_0$", et considérons les durées relatives de ces intermissions, c'est-à-dire les durées divisées par u_0. Lorsque D est petit, les durées relatives des intermissions $> u_0$ ont une forte probabilité d'être *très nettement* supérieures à 1 (leur borne inférieure) : par exemple, sachant que $U > u_0$, la probabilité conditionnelle que $U > 5u_0$ est 5^{-D}. Donc elle tend vers 1 lorsque D tend vers 0. Par contre, les durées relatives des intermissions $< u_0$ deviennent en majorité très inférieures à 1. Ceci rend raisonnable la conclusion que les u_0-rafales sont clairement séparées, ce qui précisément justifie le terme de "rafale".

De plus, le même résultat tient pour tout u_0, et par suite les rafales sont hiérarchisées. Toutefois, au fur et à mesure que D augmente, la séparation entre rafales devient moins accentuée.

Chose fort remarquable, découverte dans Berger & Mandelbrot 1963, les ensembles ainsi obtenus se révèlent représenter de façon extrêmement convenable nos données empiriques sur les erreurs de transmission. De plus, divers calculs relatifs à la poussière de Cantor sont considérablement simplifiés. Commençons par supposer $\Lambda < \infty$, et calculons le nombre moyen d'erreurs dans un intervalle de t à $t + R$, où R est beaucoup plus grand que l'échelle interne η, et beaucoup plus petit que l'échelle externe Λ. Il est bon de procéder en deux étapes. D'abord, on suppose qu'il y a une erreur à l'instant t, ou plus généralement qu'entre les instants t et $t + R$, le nombre $M(R)$ d'erreurs est au moins égal à 1. Les valeurs ainsi calculées sont, non pas absolues, mais *conditionnelles*. On trouve que la valeur moyenne conditionnelle de $M(R)$ est proportionnelle à R^D, donc indépendante de Λ, et que le rapport de $M(R)$ à sa valeur moyenne est indépendant de R et de Λ. Cependant, l'essentiel est la forme sous laquelle la dimension s'introduit dans la distribution conditionnelle de $M(R)$. Dans une poussière de Cantor, tout dépendait de la position de t par rapport à l'origine. Ici, au contraire, toute distribution conditionnelle est invariante par rapport à la position de t, d'où la conclusion que la relation $M(R) \propto R^D$ tient quand Λ dépasse largement R, et continue de tenir lorsque Λ devient infiniment grand.

Ce qui dépend fortement de Λ, c'est la probabilité que le nombre d'erreurs soit non nul. En particulier, considérons la probabilité que l'intervalle de t à $t+R$ tombe tout entier dans une intermission de longueur énorme. Lorsque Λ augmente sans fin, cette probabilité devient voisine de 1, et la probabilité d'observer une erreur devient infiniment petite. Mais ceci n'affecte en rien la probabilité conditionnelle du nombre d'erreurs, la condition étant, soit qu'il y a une erreur à l'instant précis t, soit qu'il y a au moins une erreur quelque part dans l'intervalle de t à $t+R$. Nous allons reprendre cette discussion au chapitre suivant, à propos de ce qui sera appelé "principe cosmographique conditionnel".

POUSSIÈRE DE LÉVY, OBTENUE À PARTIR DE LA DROITE EN ROGNANT DES "TRÉMAS" AU HASARD

Revenons à l'ensemble postulé par Berger & Mandelbrot 1963. En tant que modèle de la distribution des erreurs, ses défauts étaient que la représentation restait imparfaite dans son détail, que la restriction à $\eta > 0$ était esthétiquement gênante, et que la construction elle-même était si arbitraire qu'on ne saurait s'en contenter. De plus, son esprit s'éloignait trop de celui de la construction de Cantor. J'ai donc, très vite, proposé une alternative, qui s'est révélée meilleure à tous égards, voir Mandelbrot 1965c. Elle consiste à remplacer la poussière de Cantor par une variante aléatoire appelée "poussière de Lévy". La définition classique revient à réinterpréter la distribution hyperbolique $Pr(U \geq u) = u^{-D}$. Nous avons supposé jusqu'ici que u est un entier ≥ 1, tandis que Lévy suppose que u est un réel positif. De ce fait, la "probabilité" totale n'est plus égale à 1, mais infinie! Malgré les apparences, cette généralisation a un sens précis, mais elle implique diverses difficultés techniques qu'il est bon d'éviter. Nous le ferons en adoptant une autre construction plus naturelle, introduite dans Mandelbrot 1972z.

Pour l'introduire, il est utile de décrire la construction de Cantor au moyen de "trémas virtuels". (Il se peut que cette méthode soit inédite, car elle aurait été sans objet jusqu'à présent.) On part encore de [0,1], dont on rogne encore le tiers central ouvert, dénoté par]1/3,2/3[,. La nouveauté est que les étapes suivantes prétendent rogner les tiers centraux de *chaque* tiers de [0,1]. Etant donné que le tiers central de [0,1] a déjà été rogné, en rogner un morceau une deuxième fois n'a aucun effet réel, mais de tels "trémas virtuels" se révèlent être fort commodes. On rogne de même les tiers centraux de *chaque* neuvième de [0, 1], de chaque vingt-septième, etc. Ce qui est à noter ici, c'est que le nombre de trémas de longueur supérieure à u se trouve être en gros égal à $(1-D)/u$, où D est une constante déterminée par les règles de dissection.

Ceci dit, randonisons donc les longueurs et les positions des trémas ci-dessus. Nous les choisirons indépendamment les uns des autres, et de telle façon que le nombre moyen de trémas de longueur supérieure à u soit $(1-D)/u$. En les choisissant indépendants, on laisse les trémas se chevaucher ou être virtuels au sens défini à l'alinéa précédent. Le détail technique importe peu, l'essentiel étant que le résultat de la construction dépend radicalement du signe de D.

Lorsque $D \leq 0$ et qu'on s'arrête à des trémas de longueur $\eta > 0$, il est peu probable qu'il reste quoi que ce soit. S'il reste quelque chose, ce sera sans doute un seul petit intervalle. Ensuite, lorsque $\eta \to 0$, il devient presque sûr (la probabilité devient égale à 1) que les trémas ne laissent découvert presque aucun point de la droite.

Par contre, lorsque $0 < D < 1$, les trémas laissent indéfiniment non couvert un certain ensemble très mince, qui se trouve être précisément une poussière de Lévy de dimension égale à D.

Pour cet ensemble, l'homothétie interne statistique est uniforme, en ce sens que le rapport r peut être choisi sans restriction, contrairement à l'ensemble de Cantor, pour lequel r devait être de la forme 3^{-k}, où k est un entier.

C'est bien dommage que (comme il a été dit au début de ce chapitre) l'on n'ait aucune bonne méthode directe pour illustrer les résultats du dernier alinéa. Cependant, tout comme la poussière de Cantor s'imagine fort bien de façon indirecte, à travers l'intersection de la courbe de von Koch avec sa base, on peut s'imaginer la poussière de Lévy de façon indirecte, à travers la ville aux rues aléatoires qui est représentée sur la figure 64. La construction prolonge chaque tréma de la droite dans une direction du plan choisie au hasard. Tant que les "maisons" restantes ont une dimension $D > 1$, leur intersection par une droite arbitraire est une poussière de Lévy de dimension $D - 1$. Par contre, si $D < 1$, l'intersection est presque sûrement vide.

P.-S. Les physiciens comprennent très bien la nature des bruits classiques, lesquels dominent la transmission de signaux faibles. Le plus important et le mieux connu est le bruit thermique. Mais le problème qui nous préoccupe ici concerne des signaux tellement intenses, que les bruits classiques sont relativement négligeables, et que par suite les bruits non négligeables sont non classiques. Ils sont difficiles, et passionnants, parce qu'on continue à très mal les comprendre. L'argument fractal esquissé dans ce chapitre contribue à leur compréhension.

P.-S. 1989. Le paramètre D de Berger & Mandelbrot 1963 se trouve dépendre de l'intensité du signal transmis. On trouve là l'origine de la notion de mesure multifractale; voir chapitre IX et Mandelbrot 1988c, 1989e, g.

Fig. 61 : MOUVEMENT BROWNIEN SCALAIRE: SES ZÉROS ET SA CHRONIQUE

La première ligne représente la suite complète des gains cumulatifs de "Pierre" sur "Francis", au cours de 500 jets successifs d'une pièce. On suppose que celle-ci reste éternellement juste (probabilités égales pour pile et pour face), et que c'est Pierre (ou Francis) qui gagne un denier quand la pièce tombe sur pile (ou face). Il s'ensuit que le gain cumulatif de Pierre effectue une randonnée (= cheminement aléatoire; voir chapitre XIII) sur la droite. C'est là une approximation discrète d'un mouvement brownien scalaire. La ligne 1 est une chronique ("time series") des gains cumulatif de Pierre sur 550 jets. Les lignes 2 et 3 représentent la même chronique si la même partie continue jusqu'à 10000 jets successifs. Pour la clarté du dessin, ils sont notés à intervalles de 20 jets. Cette figure d'un manuel célèbre, Feller 1950, est reproduite avec l'accord des éditeurs.

L'examen répété de ces courbes a joué un rôle décisif dans l'élaboration des théories décrites dans cet essai. Tout d'abord, considérons uniquement les zéros de notre fonction, c'est-à-dire les instants où les fortunes de Pierre et de Francis reviennent au point de départ. Bien que les intervalles entre ces zéros soient indépendants, leurs positions paraissent se grouper en rafales hiérarchisées très distinctes. Par exemple, chaque zéro de la première ligne est remplacé, sur la deuxième ligne, par toute une rafale de points. Si on avait eu affaire au mouvement brownien mathématique, on aurait pu continuer ainsi à subdiviser les rafales à l'infini.

Fort à propos, cette hiérarchie me vint à l'esprit quand j'abordai le problème de la distribution temporelle des erreurs de téléphone qu'examine le chapitre IV. On savait que ces erreurs sont groupées en rafales, mais je voulus vérifier si les intervalles entre erreurs ne seraient pas indépendants. Une étude empirique confirma cette conjecture, et conduisit aux modèles discutés dans le texte.

Notons que les zéros du mouvement brownien – dont cette figure forme une approximation discrète –

constituent la variante la plus simple d'une poussière de Cantor aléatoire de dimension $D = 0,5$. Tout autre D que l'on désire – s'il est compris entre 0 et 1 – peut s'obtenir à travers les zéros d'autres fonctions aléatoires. A travers ce modèle, on définit la dimension fractale d'une suite d'erreurs de téléphone. Sa valeur dépend sûrement des caractéristiques précises du substrat physique.

Examinons ensuite, non seulement les zéros de la courbe ci-dessous, mais l'ensemble de ses valeurs. Dans Mandelbrot 1963e, je notai que sa forme rappelle celles des sections verticales du relief terrestre. Plusieurs fois généralisée, cette observation conduisit aux modèles du chapitre VII.

Un processus poissonnien. Les instants où Pierre et Francis jouent ne sont pas nécessairement distribués uniformément dans le temps. On peut les choisir au hasard indépendamment les uns des autres, avec la même densité. Ils forment, alors, un processus de Poisson. Le résultat ne diffère de la randonnée ci-dessus que de façon imperceptible, mais il se trouve présenter divers avantages. En particulier, sa construction se généralise au cas multidimensionnel, comme on le verra au chapitre VII.

$D = 1.5$

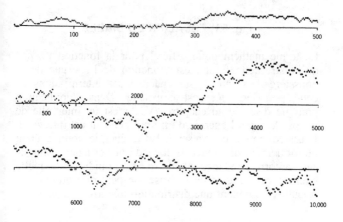

Fig. 62: BARRE DE CANTOR

Cette barre qui se pulvérise intersecte son axe le long d'une poussière de Cantor, ensemble si ténu qu'il n'y a pas moyen de l'illustrer directement.

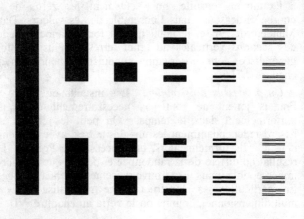

D = $\log_3 2 \sim 0{,}63$

Fig. 63: ESCALIER DU DIABLE

Le terme mathématique officiel pour la fonction $y = f(x)$ qu'illustre cette figure, est "fonction de Lebesgue de la poussière de Cantor". Sur chacune des intermissions de cette poussière, $f(x)$ est constante. Dans l'application pratique discutée au chapitre IV, Δx est un intervalle de temps, Δy étant l'énergie d'un bruit pendant cet intervalle. Il est commode de penser à ladite énergie comme étant uniformément distribuée le long de la verticale. Dans ce cas, la correspondance inverse $x = f^{-1}(y)$ indique de quelle manière cette régularité se brise, on peut dire qu'elle "se fractalise", donnant une distribution très irrégulière.

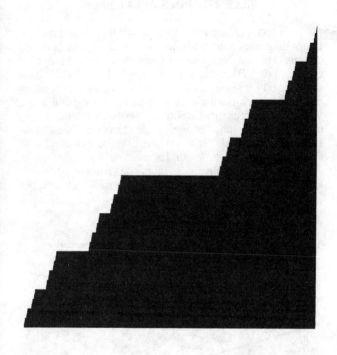

Une fonction qui généralise f^{-1} au plan, ou à l'espace à trois dimensions, est implicite dans l'étude des vols de Lévy, tels qu'ils sont illustrés aux figures 94 à 100. Il faut imaginer k comme étant une coordonnée de plus, perpendiculaire au plan d'une de ces figures, et la k-ième marche de l'escalier comme étant parallèle à un saut du dessin, et placée à la hauteur k. Si la répartition de la masse galactique est supposée uniforme sur l'axe des k, la fonction f^{-1} la rend fractale, c'est-à-dire terriblement non uniforme dans le plan ou l'espace.

Fig. 64 : EFFET DE TRÉMAS EN FORME DE BANDE. VILLE AUX RUES ALÉATOIRES

Le plan est parcouru de bandes de direction isotrope. Leurs longueurs sont telles que la verticale coupe la bande de rang ρ par un "segment d'intersection" dont la longueur est $Q/\rho = (2 - D)/\rho$; ici, ρ est le "rang" d'une bande, dans une liste où les segments d'intersection auraient été classés par longueur croissante. Le diagramme correspond à une valeur de D proche de 2. Son intersection avec une droite quelconque est une poussière de Lévy de dimension $D - 1$ proche de 1. Si le même procédé est conduit à l'infini, ce qui "reste" pour les maisons est d'aire nulle. (Doit-on y construire des tours de hauteur infinie?) Lorsque Q dépasse 2, tout est en "rues" et rien en "maisons".

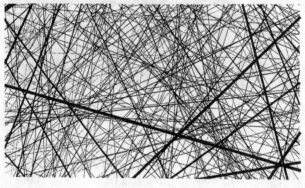

$D \sim 1{,}9$

CHAPITRE V

Les cratères de la Lune

La logique du développement du modèle des trémas – par lequel le précédent chapitre s'est terminé – nous mène maintenant aux trémas du plan en forme de disques. Bien que leur intérêt soit incomparablement plus général, nous allons les introduire à travers une discussion, rapide et un peu sèche, du relief lunaire. La Lune nous servira ainsi d'étape, en route vers les objets célestes étudiés au chapitre suivant.

Le terme "cratère" implique une origine volcanique, mais en fait on attribue les cratères lunaires à l'impact de météorites. Plus une météorite est grosse, plus le trou qu'elle provoque sera large et profond, mais un nouveau gros impact peut effacer la trace de plusieurs autres, et une nouvelle petite météorite peut "écorner" le rebord d'un gros cratère plus ancien. De plus, d'autres forces s'ajoutent pour modifier la surface de la Lune. En fin de compte, il faut, en ce qui concerne les origines et les aires des cratères, distinguer deux distributions distinctes: celle qui est observée et celle qui est sous-jacente. Nous admettons – simplification draconienne! – que les rebords de cratère s'effacent subitement au bout d'un temps fixe et sans rapport avec sa taille. Quant aux aires des cratères, Marcus 1964 et Arthur 1954 montrent qu'elles suivent une distribution hyperbolique, dont l'exposant y est voisin de 1. Nous admettons qu'il s'agit là de la distribution sous-jacente. Finalement, nous raisonnons en termes du plan, et non pas de la surface de la sphère. Ceci nous amène à généraliser à deux dimensions la construction des trémas aléatoires, par laquelle le chapitre IV vient de se terminer. En remplaçant les intervalles par des disques, nous nous arrangerons pour que tout reste isotrope (inchangé par rotation du repère).

Un premier problème est de déterminer s'il existe des parties de la Lune qui restent à perpétuité non recouvertes d'un cratère. Si la réponse est affirmative, il faut caractériser la structure géométrique de l'ensemble non recouvert. Il nous faut remarquer que l'hypothèse de l'usure brutale des bords signifie que doubler la "durée de vie" V avant usure équivaut à doubler le nombre de cratères de chaque aire.

Voici les réponses aux questions ci-dessus. D'abord, il y a deux cas de faible intérêt mathématique, et qui se trouvent – ce n'était pas évident a priori! – ne pas s'appliquer à la réalité. Lorsque l'exposant γ de la loi des aires des cratères est plus petit que 1, alors – quelle que soit la durée de vie d'un cratère – il est presque sûr que le résultat du bombardement météoritique sera de recouvrir tout point de la surface de la Lune par un cratère au moins. Lorsque $\gamma > 1$, tout carré de la surface de la Lune a une probabilité non nulle de rester en dehors de tout cratère. Ladite surface a donc l'apparence d'une tranche de fromage d'Emmenthal: une chanson apprend aux enfants anglais que la Lune est faite de fromage vert. Elle ne se serait donc pas trompée de substance, mais seulement de couleur et de provenance. Plus grande est la valeur de γ, moins nombreux seront les petits trous, et plus massif notre fromage.

Venons-en maintenant au cas intéressant. Si $\gamma = 1$, et que la durée de vie V des cratères dépasse une certaine constante V_o, il est encore une fois presque sûr qu'aucun point ne restera en dehors de tous les cratères. Si $V > V_o$, on peut simplement dire que cet ensemble ne contient aucun carré – quelque petit qu'il soit. De plus, son aire (définie comme mesure de Lebesgue), est égale à zéro. Enfin, sa dimension tend vers 0 lorsque V augmente.

Lorsque V est plus petit que V_0, l'ensemble non couvert est une fractale. Si V est très petit, cette fractale est de dimension proche de 2, et ressemble à des filaments infiniment fourchus, séparant des trous, tout petits et ne se recouvrant pas trop les uns les autres. L'amateur y reconnaîtra peut-être, avec moi, une extrapolation étique de la structure du fromage suisse d'Appenzell. Quand V croît et D décroît, on passe progressivement à un Emmenthal, évanescent lui aussi, mais cette fois par la faute de gros trous ayant souvent des parties communes. Entre autres, il inclut beaucoup de morceaux entourés de couronnes vides très irrégulières. Puis, pour une certaine valeur "critique" D, la situation change qualitativement : nos "filaments" de fromage se décomposent, et l'ensemble qui n'est couvert par aucun cratère devient de la poussière.

Ces derniers résultats sont illustrés dans les figures 68 à 71. Ils dépassent de loin en importance le problème relatif aux cratères de la Lune.

Fig. 68-69: TRANCHES DE "FROMAGE FRACTAL D'APPENZELL" À TROUS RONDS ALÉATOIRES

On retranche du plan une série de trémas circulaires, marqués en blanc, ayant des centres distribués au hasard (distribution de Poisson) et des rayons choisis de façon à assurer l'homothétie interne statistique. Ces rayons auraient dû être aléatoires, mais en pratique on les a choisis de la forme $Q/\sqrt{\rho}$, où ρ est le rang d'un tréma dans le classement par rayons décroissants

Il n'est pas étonnant d'apprendre que, si la construction ci-dessus est poussée à l'infini, le reste sera de surface nulle, mais notre intuition ne nous dit pas s'il restera quoi que ce soit et, dans l'affirmative, si le reste sera fait de fils connexes ou d'une poussière de points.

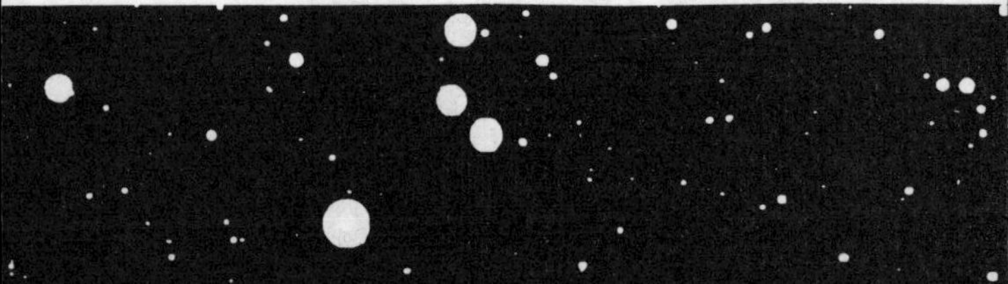

La réponse aux questions qui viennent d'être posées dépend du Q défini ci-dessus. En particulier, on trouve $D = 2 - 2\pi Q^2$.

Lorsque Q est très petit, alors, d'une part, les trémas ne recouvrent le plan que très lentement, et d'autre part le reste conserve une très forte interconnexion, comme on le voit sur le diagramme de la page 68, auquel je vois une ressemblance avec le fromage suisse d'Appenzell. Ce diagramme a une dimension fractale de 1,99. Sur le diagramme de la page 69, la dimension devient $D = 1,9$, sans que la graine de générateur pseudo-aléatoire ait changé. On a donc multiplié les aires des trémas précédents par une constante plus grande que 1. L'effet est très visible: l'interconnexion du restant a diminué de façon très marquée.

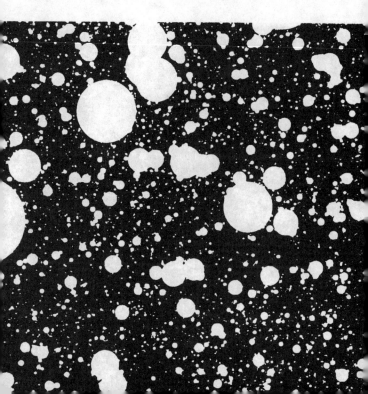

Fig. 70-71: TRANCHES DE "FROMAGE FRACTAL D'EMMENTHAL" À TROUS RONDS ALÉATOIRES

Reprenons le procédé de la figure précédente, en continuant de diminuer D, sans changer de graine, et en coloriant les trémas en noir. Le résultat pour $D = 1,75$ est illustré par le diagramme de la page 70 (un Emmenthal un peu vide). De la même façon, le cas $D = 1,5$ est illustré par le diagramme de la page 71 presque évanescent. Tant que $D > 0$, le "reste" est de mesure nulle, mais non vide. Toutefois, il devient vide si Q augmente au-delà de $1/\sqrt{\pi}$, valeur pour laquelle le D formel défini par $2 - 2\pi Q^2$ devient négatif.

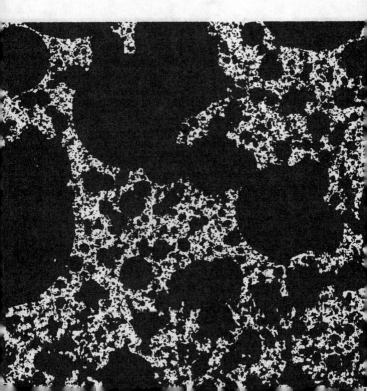

71

CHAPITRE VI

La distribution des galaxies

Dans ce chapitre, nous revenons à l'étude détaillée d'un grand problème familier. Je me propose de montrer qu'une théorie de la formation des étoiles et des galaxies, due à Hoyle, le modèle descriptif de Fournier d'Albe, et (plus important encore) les données empiriques, sont unanimes à suggérer que la distribution des galaxies dans l'espace inclut une large zone d'homothétie interne, au sein de laquelle la dimension fractale est voisine de $D=1$. Sans nul doute, cette zone s'arrête aux petites échelles, avant même qu'on n'arrive à des objets aux bords bien précis, comme les planètes. Mais il n'est pas sûr si, aux grandes échelles, cette zone s'étend à l'infini, ou si au contraire elle s'arrête aux amas de galaxies (voir l'exemple de la pelote de fil, discuté au chapitre I), pour être suivie d'une zone où la dimension apparente est $D=3$. Suivant la réponse à cette question très controversée, la zone où $D<3$ sera plus ou moins vaste.

Le problème de la distribution des étoiles, des galaxies, des amas de galaxies, etc., fascine l'amateur comme le spécialiste, mais reste marginal par rapport à l'ensemble de l'astronomie et de l'astrophysique. Sans doute en est-il ainsi à cause de l'absence de bonne théorie. Nul spécialiste ne prétend avoir réussi à expliquer pourquoi la distribution de la matière céleste est irrégulière et hiérarchisée, comme l'indique l'observation à l'œil et le confirme le télescope. Ce caractère est signalé par tous les ouvrages, mais, lorsqu'on passe aux développements sérieux, la quasi-unanimité des théoriciens suppose très vite que la matière stellaire est distribuée uniformément. Une autre explication de cette hésitation à traiter de l'irrégulier est que l'on ne savait pas le décrire géométriquement, toutes les tentatives pour le faire ayant dû avouer des déficiences. De ce fait, on en était réduit à demander à la statistique de décider entre l'hypothèse de l'uniformité asymptotique, connue à fond, et une hypothèse contraire, toute vague. Peut-on s'étonner que les résultats de tests si mal préparés aient été si peu concluants?

Pour sortir de l'ornière, ne serait-il donc pas utile, encore une fois, de tenter la description sans attendre l'explication? Ne serait-il pas utile de montrer, par un exemple, que les propriétés, que l'on désire trouver dans cette distribution, sont mutuellement compatibles, et ceci au sein d'une construction "naturelle", c'est-à-dire où l'on n'ait pas à mettre tout ce qu'on veut pouvoir en retirer, donc qui ne soit pas trop évidemment ad hoc, "sur mesure"?

Ce chapitre, en généralisant le mouvement brownien, montre qu'une telle construction est effectivement possible, qu'elle paraît facile (après coup), et qu'elle inclut inévitablement les concepts d'objet et de dimension fractals. Nous examinerons à quoi ressemble, vue radialement à partir de la Terre, une distribution charactérisée (pour reprendre le néologisme du chapitre IV) par un amassement illimité. Le résultat, qui n'est pas évident, ne peut manquer d'affecter l'interprétation des données d'expérience. Le chapitre IX va traiter des objets relativement intermittents, et introduire la matière interstellaire. Mais, pour l'instant, nous supposons que l'espace entre les étoiles est vide.

P.-S. Des publications plus techniques, Mandelbrot 1975u, 1979u, 1982f, 1988t, montrent ce que le cadre que je propose apporte à l'étude statistique précise du problème de l'intermittence galactique.

LA DENSITÉ GLOBALE DES GALAXIES

Commençons par examiner de près le concept de densité globale de la matière dans l'Univers. A priori, tout comme la longueur d'une côte, la densité ne paraît poser aucun problème, mais, en fait, les choses se gâtent vite et de façon intéressante. Parmi maintes procédures possibles pour définir et mesurer cette densité, la plus directe consiste à mesurer la masse $M(R)$ que contient une sphère centrée sur la Terre et de rayon R, puis à évaluer la densité moyenne définie par $M(R)/[(4/3)\pi R^3]$, ensuite à faire tendre R vers l'infini, et enfin à définir la densité globale ρ, comme étant la limite vers laquelle la densité moyenne ne peut pas manquer de converger.

Malheureusement, la convergence en question laisse fortement à désirer: au fur et à mesure que la profondeur du monde perçu par les télescopes a augmenté, la densité moyenne de la matière n'a cessé de diminuer. Elle a même varié de façon régulière, restant en gros proportionnelle à R^{D-3}, où l'exposant D est positif, mais plus petit que 3, beaucoup plus petit même, de l'ordre de grandeur de $D = 1$. Donc, la masse $M(R)$ augmente en gros comme R^D, formule qui rappelle celle obtenue au chapitre IV pour le nombre d'erreurs étranges dans le laps de temps R; et qui constitue ainsi une première indication que D est peut-être une dimension fractale.

L'inégalité $D < 3$ exprime que, au fur et à mesure que l'on s'éloigne de la Terre, les objets célestes se groupent hiérarchiquement, manifestant ainsi l'intense amassement dont nous avons parlé. Dans les termes éloquents de Vaucouleurs 1970 (exposé que je recommande vivement), "l'amassement des galaxies, et sans doute de toutes formes de la matière, reste, à toutes les méthodes observables, la caractéristique dominante de la structure de l'Univers, sans indication d'une approche vers l'uniformité. La densité moyenne de la matière décroît continûment quand on considère des volumes toujours plus grands... et les observations ne donnent aucune raison de supposer que cette tendance ne continue pas à des distances beaucoup plus grandes et des densités beaucoup moins élevées".

Si la thèse défendue par Gérard de Vaucouleurs se confirme (on ne peut pas cacher qu'elle avait suscité des réserves, mais elle paraît de mieux en mieux acceptée), le plus simple sera d'admettre que D est constant. Mais, de toute façon, l'Univers tout entier se comporterait comme la pelote de fil discutée au chapitre II: dans une zone moyenne, sa dimension serait inférieure à 3. Aux très grandes échelles, elle serait, selon que de Vaucouleurs ait raison ou tort, inférieure ou égale à 3. Aux échelles qui sont très petites du point de vue de l'astronomie, on aurait affaire à des points puis des solides aux bords bien délimités, et D redeviendrait égale à 0 puis à 3.

Par contre, l'idée naïve que les galaxies se répartissent dans l'Univers de façon pratiquement uniforme (la traduction technique de cette idée serait qu'elles suivent la distribution de Poisson) ferait l'économie de la zone où la dimension est comprise entre 0 et 3, donnant simplement (à échelles décroissantes) les dimensions 3, 0 et 3. Si le modèle fractal avec $0 < D < 3$ ne s'applique que dans une zone tronquée aux deux bouts, on pourra dire de l'Univers qu'il est globalement de dimension 3, mais avec des perturbations locales de dimension inférieure à 3 (tout comme la théorie de la relativité générale affirme que l'Univers est globalement euclidien, mais que la présence de la matière le rend localement riemannien).

SOMMAIRE DU CHAPITRE VI

Quelle que soit la valeur des suggestions ci-dessus, il est bon de chercher comment – en évitant de contredire la physique, mais sans en espérer aucune aide, pour l'instant – on peut formaliser l'idée énoncée ci-dessus, que la densité approximative de matière converge vers zéro, la densité globale s'annulant.

Une première construction démontrant la compatibilité de ces conditions m'est vite venue à l'esprit, mais je me trouvai de nombreux prédécesseurs. La première forme explicite semble bien avoir été donnée en 1907 par Edmund Edward Fournier d'Albe, un auteur de travaux de "science-fiction" déguisés en science. Je rencontrai son modèle à travers une citation sarcastique, mais trouvai en fin de compte aisé de le transposer en termes scientifiques. Fournier 1907 n'avait survécu que parce qu'il avait attiré l'attention d'un astronome établi, C.V.L. Charlier. Celui-ci proposa, à son tour, un modèle en apparence plus général, mais de ce fait moins utile, que nous allons également décrire dans un instant.

Le principe tomba ensuite dans l'oubli, pour être réinventé dans Lévy 1930, ce que je trouve amusant, et dans Hoyle 1953, ce qui est important. Tout comme Fournier et Charlier, Paul Lévy cherchait à éviter le paradoxe du Ciel en feu, dit "paradoxe d'Olbers", qui passionne justement l'amateur et que nous allons discuter. Quant à Hoyle, il développait son modèle de la genèse des galaxies, que nous allons également analyser.

Je crois bon de centrer l'exposé qui suit sur une résurrection du modèle bien oublié de Fournier-Charlier, mais on ne pourra songer à s'y tenir, car il est totalement invraisemblable, pour les mêmes raisons que l'ensemble de Cantor l'était pour les erreurs de téléphone: il est excessivement régulier et l'origine terrestre joue dans sa construction un rôle privilégié, qui se heurte au principe cosmologique.

Ce dernier principe, que nous allons également discuter, pose un problème très sérieux, car il est incompatible, non seulement avec le détail du modèle de Fournier-Charlier, mais également avec la possibilité pour la densité approximative de matière dans une sphère de rayon R de tendre vers 0 quand R tend vers l'infini. J'ai cependant montré comment ladite incompatibilité mathématique peut – si j'ose dire – être "exorcisée". C'est ainsi que, tout de suite après avoir décrit le modèle de Fournier, je proposerai l'idée que le principe cosmographique va au-delà du raisonnable et du désirable et qu'il doit être modifié, de façon naturelle mais radicale. Je recommanderai qu'on adopte pour lui une nouvelle forme, très affaiblie et que je qualifierai de conditionnelle, qui postule que ledit principe ne vaut que pour des "vrais" observateurs. Cette nouvelle forme affaiblie paraîtra sans doute inoffensive, et il n'y a nul doute que la majorité des astronomes, non seulement la trouveront acceptable, mais se demanderont ce qu'elle peut bien apporter de nouveau. Ils l'auraient depuis longtemps étudiée s'ils avaient su lui reconnaître le moindre intérêt. Nous verrons que l'intérêt de mon principe cosmographique conditionnel est qu'il n'implique aucune hypothèse quant à la densité globale. Pour démontrer qu'il permet à la densité moyenne de croître en R^{D-3} autour de tout vrai observateur, je décrirai une construction explicite, qui, dans un certain sens technique, équivaut au remplacement injustifié d'un problème à N corps, qui est insoluble, par une combinaison de problèmes à deux corps, qui est facile à résoudre. Ce procédé ne prétend à aucune réalité cosmographique, mais il résout le paradoxe qui nous concerne. En route, nous verrons maintes raisons d'interpréter D comme une dimension fractale.

L'UNIVERS HIÉRARCHIQUE STRICT DE FOURNIER

Comme dans la figure 93, considérons 5 points, formant les quatre coins d'un carré et son centre. Ajoutons deux points, placés respectivement au-dessus et au-dessous de notre feuille de papier, à la verticale du centre, et à la même distance de celui-ci que les 4 coins du carré initial: les 7 points ainsi obtenus forment un octaèdre régulier centré. Si on interprète chaque point comme objet céleste de base, ou encore comme un "amas d'ordre 0", l'octaèdre sera interprété comme "amas d'ordre 1". On continue la construction de la manière suivante: un "amas d'ordre 2" s'obtient en agrandissant un amas d'ordre 1 dans le rapport de $1/r = 7$, et en centrant, sur chacun des 7 points ainsi obtenus, une réplique de l'amas d'ordre 1. De même, un "amas d'ordre 3" s'obtient en agrandissant un amas d'ordre 2 dans le rapport $1/r = 7$, et en centrant sur chacun des 49 points ainsi obtenus une réplique de l'amas d'ordre 1. Ainsi, pour passer d'un ordre quelconque au suivant, on augmente le nombre de points, aussi bien que le rayon, dans le même rapport $1/r = 7$.

Par conséquent, si chaque point porte la même masse, que l'on prend pour unité, la fonction qui donne la masse $M(R)$ contenue dans une sphère de rayon R oscille de part et d'autre de la fonction représentée par la droite $M(R) = R$. La densité moyenne dans la sphère de rayon R est en gros proportionnelle à R^{-2}, la densité globale s'annule, et la dimension, définie à travers $M(R) \propto R^D$, est égale à 1.

Partant des amas d'ordre 0, on peut également interpoler à l'infini, par étapes successives. La première étape remplace chacun d'eux par une image de l'amas d'ordre 1, réduite dans un rapport de 1/7, et ainsi de suite.

On note que les intersections du résultat avec chacun des trois axes de coordonnées, ainsi que ses projections sur ces axes, sont des poussières de Cantor. Chaque étape de leur construction consiste à diviser l'intervalle [0, 1] en 7 portions égales, puis à rogner la deuxième, troisième, cinquième et sixième de ces portions.

Une fois infiniment interpolé et extrapolé, cet Univers est à homothétie interne, et on peut définir pour lui une dimension d'homothétie, à savoir $D = \log 7/\log 7 = 1$. Et nous remarquons, incidemment, cet élément nouveau: un objet spatial peut avoir une dimension fractale égale à 1, sans être ni une droite, ni aucune autre courbe rectifiable, et même sans être d'un seul tenant. Donc la même dimension d'homothétie est compatible avec des valeurs différentes de la dimension topologique (notion décrite au chapitre XIV). Plus généralement, la dimension d'homothétie d'un objet fractal peut prendre une valeur entière, à condition que cette valeur soit "anormale", c'est-à-dire supérieure à la dimension topologique. (L'introduction a noté que le vieux terme "dimension fractionnaire" forçait à dire de certains objets que leur "dimension fractionnaire est égale à 1 ou à 2" !)

Comme nous le verrons plus loin, diverses raisons physiques ont été avancées, soit par Fournier, soit par Hoyle, pour justifier $D = 1$, mais il faut tout de suite noter que cette valeur n'a rien d'inévitable du point de vue géométrique. Même si l'on conserve la construction à base d'octaèdres et la valeur $N = 7$, on peut donner à $1/r$ une valeur autre que 7, obtenant ainsi $M(R) \propto R^D$ avec $D = \log 7/\log(1/r)$. Toute valeur entre 3 et l'infini est acceptable pour $1/r$, donc D peut prendre toute valeur entre 0 et $\log 7/\log 3 \sim 1, 7712 \ldots$. Autre chose encore: le choix de N est discutable. Fournier déclare avoir pris $N = 7$ uniquement pour rendre possible un dessin lisible, la "vraie" valeur étant (il n'explique pas pourquoi) $N = 10^{22}$. Par contre, Hoyle prend $N = 5$. Quoi qu'il en soit, étant donné un D satisfaisant à $D < 3$, il est facile de construire des variantes du modèle de Fournier ayant cette valeur pour dimension.

UNIVERS DE CHARLIER, À DIMENSION EFFECTIVE INDÉTERMINÉE DANS UN INTERVALLE

Le modèle de Fournier a d'innombrables défauts, dont celui-ci : il est trop régulier. C'est là un aspect que Charlier 1908-1922 corrige en laissant N et r varier d'un niveau hiérarchique à l'autre, leurs valeurs étant dénotées par N_m et r_m. L'objet ainsi obtenu, bien entendu, n'est pas à homothétie interne, et n'a pas de vraie dimension.

Plus précisément, la quantité $\log N_m / \log(1/r_m)$ peut varier avec m. On peut supposer qu'elle se tient entre des bornes que nous appellerons $D_{\min}$ et $D_{\max}$, ce qui introduit un thème de plus. La dimension physique effective peut très bien avoir, non pas une seule valeur précise, mais seulement des bornes supérieure et inférieure. Ce nouveau thème, toutefois, ne peut être développé ici.

Pour éviter le paradoxe d'Olbers, sur lequel nous allons obliquer dans un instant, il faut que $D_{\max} < 2$. C'est là une condition que Fournier satisfait largement, en prenant $D = 1$.

Notons en passant que Charlier évite de préciser la relation géométrique existant entre les objets à un même niveau. Il invoque ainsi ce que le chapitre III qualifie sarcastiquement de hasard d'invocation, ou hasard-souhait. On ne saurait s'en contenter.

PARADOXE DU CIEL EN FEU, DIT D'OLBERS

Kepler semble avoir été le premier à reconnaître que l'hypothèse d'uniformité dans la répartition des corps célestes est intenable. S'il en était ainsi, en effet, le ciel nocturne ne serait pas noir. De jour comme de nuit, le ciel aurait tout entier la même luminosité que le disque solaire, c'est-à-dire serait uniformément de la couleur du feu. Cette inférence est d'ordinaire appelée "paradoxe d'Olbers" se référant à Olbers 1823. Pour une discussion historique, on peut se référer à Munitz 1957, North 1965 ou Jaki 1969. Nous avons dit que le paradoxe disparaîtrait, si on pouvait se convaincre que les corps célestes satisfont à $M(R) \propto R^D$ avec $D < 2$. L'objet premier de Fournier et Charlier avait été de construire un Univers où $M(R)$ prend effectivement cette forme.

L'argument d'Olbers est très simple. Il compare une étoile située à la distance R de l'"observateur" à une étoile située à la distance $R = 1$. Sa luminosité relative est égale à $1/R^2$, mais sa surface apparente relative est également égale à $1/R^2$, donc la densité de luminosité apparente est la même pour toutes les étoiles. De plus, si l'Univers est uniforme, presque toute direction tracée dans le ciel finit par intersecter le disque apparent de quelque étoile, donc la densité de luminosité apparente est la même sur toute l'étendue du ciel.

Par contre, si $M(R) \propto R^D$, avec D en deçà du seuil $D = 2$, une proportion non nulle des directions se perd dans l'infini, sans rien rencontrer. C'est là une raison *suffisante* pour que le fond du ciel nocturne soit noir.

Il faut se hâter, cependant, de dire que $D < 2$ n'est pas une raison nécessaire. La paradoxe du Ciel en feu peut être également "exorcisé" de maintes autres façons, mais qui n'impliquent pas les fractales, et dont l'étude serait ici hors de propos. Chose curieuse: la plupart des "exorciseurs" veulent tout ramener à une explication unique, et leurs travaux paraissent avoir retardé l'étude de l'amassement stellaire ou galactique.

Signalons également que, lorsque la zone où $D < 3$ est suivie, à une distance grande mais finie, d'une zone homogène où $D = 3$, le fond du ciel sera, non pas noir, mais très légèrement illuminé.

JUSTIFICATION DE $D = 1$ PAR FOURNIER

Revenons à Fournier. Nous voyons qu'il est plus précis que Charlier, en s'imposant une certaine valeur de D, à savoir $D = 1$, valeur bien suffisante pour éviter le paradoxe d'Olbers. Il la justifie (p. 103 de son livre) par l'argument que voici, qui reste remarquable, et l'avait été plus encore en 1907!

Utilisant sans inquiétude une formule qui n'est en principe applicable qu'aux objets à symétrie sphérique, supposons que, sur la surface de tout univers visible (d'ordre arbitraire) de masse M et de rayon R, le potentiel gravitationnel prend la forme GM (G étant la constante de gravitation). Une étoile tombant sur cet univers aurait à l'impact une vitesse de $(2GM/R)^{1/2}$. Or, affirme Fournier, l'observation montre que lesdites vitesses sont bornées. (On se demande bien sur quoi il basait cette affirmation en 1907. On la voit énoncée en 1975 comme quelque chose de très nouveau!) Si l'on veut que, pour des objets célestes d'ordre élevé, cette vitesse ne tende ni vers l'infini ni vers zéro, il faut que la masse M croisse comme le rayon R, et non pas (à l'exemple d'une distribution de Poisson) comme le volume $(4/3)\pi R^3$.

CASCADE DE HOYLE. JUSTIFICATION DE $D=1$ PAR LE CRITÈRE DE STABILITÉ DE JEANS

Définissons un Univers pentadique fini de Fournier comme étant ce qui s'obtient si la construction de Fournier est basée sur $N=5$ et non pas $N=7$, et qu'elle n'est extrapolée ni vers l'infiniment grand ni vers l'infiniment petit. Nous allons maintenant expliquer le caractère hiérarchique d'un tel univers vu (sous la forme "hasard-souhait" due à Charlier), et montrer que sa dimension fractale doit être égale à 1.

L'idée de base est que les galaxies et les étoiles ont été formées par une cascade de fragmentations partant d'une masse gazeuse uniforme. L'argument, dû à Hoyle 1953, est controversé, mais il tient compte d'une certaine réalité physique. En particulier, il associe $D=1$ au critère d'équilibre des masses gazeuses dû à Jeans.

Imaginons un nuage gazeux de température T et de masse M_0, réparti avec une densité uniforme dans une boule sphérique de rayon R_0. Jeans a démontré le rôle spécial du cas critique où $M_0/R_0 = JRkT/G$ (J étant un certain facteur numérique, k la constante de Boltzmann et

G la constante de gravitation). Dans ce cas, notre nuage est instable, et doit inévitablement se contracter et se subdiviser. Hoyle postule que M_0/R_0 prend effectivement cette valeur critique, et que la contraction s'arrête à un nuage de rayon $R_0/5^{2/3}$, après quoi le nuage se subdivise en 5 nuages égaux, de masse $M_1 = M_0/5$ et de rayon $R_1 = (R_0/5^{2/3})/5^{1/3} = R_0/5$. L'étape se terminant (à dessein) comme elle a commencé, dans l'instabilité, elle va être suivie d'une deuxième étape de contraction et de subdivision. Hoyle ne choisit pas $N = 5$ simplement pour faciliter l'illustration, mais pour des raisons physiques (auxquelles nous ne pouvons pas nous arrêter).

De plus, on peut montrer que les durées de la contraction d'ordre m et de la première contraction sont dans le rapport 5^{-m}. Donc, si même le processus continue à l'infini, sa durée totale reste finie, ne dépassant que d'un quart celle de la première étape.

On aboutit ainsi aux conclusions suivantes. Premièrement, Hoyle retrouve le principe cantorien déjà sous-jacent chez Fournier. Deuxièmement, Hoyle donne des raisons physiques pour croire à $N = 5$. Troisièmement, le critère de stabilité de Jeans fournit une deuxième façon de déterminer la valeur de la dimension D. Chose intéressante, il donne exactement le même résultat final: la dimension doit être égale à 1.

D'ailleurs, je crois que les arguments de Hoyle et de Fournier ne sont que des faces différentes d'une même idée. En effet, j'observe qu'au bord d'un nuage instable de Jeans, GM/R est à la fois égal à $V^2/2$ (Fournier) et à kJT (Jeans). Donc $V^2/2 = kJT$, signifiant que la vitesse de chute d'un objet macroscopique est proportionnelle à la vitesse moyenne des molécules contribuant à T. Cette remarque mériterait d'être suivie.

PRINCIPES COSMOLOGIQUE ET COSMOGRAPHIQUE

Un des innombrables défauts du modèle de Fournier est que l'origine y joue un rôle extrêmement privilégié. C'est un modèle résolument géocentrique, donc anthropocentrique. Il nie le "principe cosmologique", lequel postule que notre temps et notre position sur la Terre n'ont rien de particulièrement spécial ou central, que les lois de la Nature doivent être les mêmes, partout, tout le temps. Cette affirmation est discutée dans Bondi 1952. Plus précisément, ce qui nous concerne ici, c'est l'application de ce principe général à la distribution de la matière. De plus, nous ne nous occupons pas de théorie ($\lambda\omega\gamma\omega\sigma$), mais seulement de description ($\gamma\rho\alpha\psi\eta$). Nous allons donc dégager l'assertion que voici:

"Principe cosmographique fort". La distribution de la matière suit les mêmes lois statistiques, quel que soit le repère (origine et axes) dans lequel elle est examinée.

L'idée est bien tentante, mais elle est difficile à concilier avec des distributions qui sont très loin d'être uniformes. Nous en avons déjà dit quelque chose dans le contexte des erreurs de transmission étudiées au chapitre III. Les difficultés que l'on rencontre changent de nature selon la valeur de la densité globale de matière ρ dans l'Univers: si ρ est nul, on a affaire à une incompatibilité de principe, tandis que, si ρ est petit mais non nul, les difficultés sont uniquement d'ordre esthétique et de commodité. Mais, quelle que soit la valeur de ρ, il paraît important d'avoir un énoncé qui s'accorde mieux à une vision du monde contenant des objets fractals. Pour ce faire, je crois utile de séparer le principe cosmographique habituel en deux parties, dont chacune va maintenant faire l'objet d'une section.

PRINCIPE COSMOGRAPHIQUE CONDITIONNEL

Rapportons l'Univers à un repère qui est soumis à la condition que son origine porte elle-même de la masse.

Postulat: La distribution conditionnée de la matière est identiquement la même pour tout repère. En particulier, la masse $M(R)$, contenue dans une sphère de rayon R, est une variable aléatoire indépendante du repère.

POSTULAT ADDITIONNEL FACULTATIF: LA DENSITÉ GLOBALE DE LA MATIÈRE EST NON-NULLE

On peut également postuler que les quantités

$$\lim_{R \to \infty} R^{-3} M(R) \text{ et } \lim_{R \to \infty} R^{-3} EM(R)$$

sont presque sûrement égales, positives et finies.

CONSÉQUENCES DE CES DIVERS PRINCIPES

Considérons les lois de distribution de la matière dans un repère arbitraire et dans un repère conditionné par l'exigence que son origine porte elle-même de la matière. Si le postulat additionnel tient, cette dernière distribution se déduit de la première par les règles auxquelles obéit le calcul des probabilités conditionnelles, et la première se déduit de la dernière en prenant la moyenne relative à des origines distribuées uniformément dans tout l'espace.

(Il y a un point délicat, digne d'être souligné entre parenthèses: quand la distribution uniforme des origines est intégrée sur tout l'espace, elle donne une masse infinie, et par suite il n'est pas évident qu'on puisse renormaliser la distribution non conditionnelle de façon que sa somme soit 1. Pour ce faire, il est nécessaire et suffisant que la densité globale soit positive.)

Supposons maintenant que le postulat additionnel soit faux, parce que $\lim_{R \to \infty} R^{-3} M(R)$ existe, mais s'annule. Dans ce cas, la distribution non conditionnelle de probabilité nous apprend que, si une sphère de rayon R fini a été choisie librement, il est presque certain qu'elle sera vide. Ce qui serait bien vrai, mais tout à fait sans intérêt, et en pratique insuffisant.

Lorsque tous les cas intéressants mis ensemble ont ainsi une probabilité nulle, la physique mathématique se doit de trouver une autre méthode, qui sache distinguer entre lesdits cas. C'est, précisément, ce que fait la distribution conditionnelle de probabilité, et c'est ce qui justifie l'accent que je propose que l'on mette sur le principe cosmographique conditionnel.

Subdiviser ainsi le principe fort en deux parties a l'avantage philosophique supplémentaire de satisfaire l'esprit de la physique contemporaine, en séparant ce qui est observable, tout au moins en principe, de ce qui est impossible à vérifier et constitue soit un acte de foi, soit une hypothèse de travail.

En fait – comme il a déjà été dit – il est fort probable que la plupart des astronomes n'auront aucune objection a priori contre le conditionnement que je propose, et que celui-ci serait depuis longtemps devenu banal, si on lui avait connu des conséquences dignes d'attention, c'est-à-dire si l'on avait reconnu qu'il constitue, non pas un raffinement formel, mais une généralisation authentique. Donc, que ce soit pour fonder l'acte de foi, ou pour montrer que l'hypothèse de travail est effectivement utile parce que simplificatrice, il faut l'étudier sérieusement.

DIGRESSION AU SUJET DES SITES D'ARRÊT DU VOL DE RAYLEIGH ET DE LA DIMENSION $D=2$

Le principe cosmographique conditionnel exclut le vieux modèle de Fournier-Charlier. À première vue, il paraît même en contradiction avec l'hypothèse que la densité globale s'annule. Mais je vais montrer qu'il n'y a pas de contradiction. Nous commencerons de façon très artificielle, en donnant un rôle nouveau à un exemple ayant la vertu d'être déjà familier au lecteur (nous l'avons déjà évoqué au chapitre III), et même très ancien, puisqu'il remonte au moins à Rayleigh 1880. Son défaut, qui est mortel, est de n'avoir ni la dimension ni le degré de connectivité exigés par les faits. Ce modèle sera suivi d'autres, moins irréalistes.

Supposons qu'une fusée parte d'un point $\Pi(0)$ de l'espace, et que sa direction soit distribuée de façon aléatoire isotrope. La distance entre $\Pi(0)$ et le point $\Pi(1)$, défini comme le premier arrêt après $\Pi(0)$, sera également aléatoire, avec une distribution prescrite à l'avance. L'essentiel est que les sauts ne prennent de très grandes valeurs que très rarement, de telle façon que, pour le carré de la longueur du saut, l'espérance mathématique

$E[\Pi(1) - \Pi(0)]^2$ soit finie. La fusée repart ensuite vers $\Pi(2)$, défini de telle façon que les vecteurs $\Pi(1) - \Pi(0)$ et $\Pi(2) - \Pi(1)$ soient indépendants et identiquement distribués. Elle continue ainsi *ad infinitum*.

De plus, on peut déterminer ses sites d'arrêt passés, $\Pi(-1)$, $\Pi(-2)$, etc., en faisant agir le même mécanisme en sens inverse. Étant donné que le mécanisme ne fait en rien intervenir la direction du temps, il suffit, en fait, de faire partir de $\Pi(0)$ deux trajectoires indépendantes. Ceci fait, effaçons les traînées rectilignes laissées par les fusées, et examinons l'ensemble de ses sites d'arrêt, sans tenir compte de l'ordre dans lequel ils sont intervenus. Par construction, la suite des sites d'arrêt suit exactement la même distribution lorsqu'elle est examinée de n'importe lequel des points $\Pi(m)$. Donc cet ensemble satisfait au principe cosmographique conditionnel.

Nous allons maintenant supposer qu'une pincée de matière est "semée" à chaque site d'arrêt. Si (comme au chapitre III) le vol se limite au plan, l'ensemble des sites est presque uniformément réparti. En fait, si les sauts ont une distribution gaussienne, l'ensemble des sites dans le plan satisfait au principe cosmographique fort. De toute façon, une sphère de rayon R et de centre $\Pi(k)$ contient un nombre d'autres sites dont l'ordre de grandeur est $M(R) \propto R^2$. Dans l'espace, tout au contraire, les $\Pi(k)$ sont répartis si irrégulièrement que l'on a encore $M(R) \propto R^2$, et non pas $M(R) \propto R^3$.

L'exposant est toujours $D = 2$, indépendamment de la dimensionalité de l'espace ambiant et de la distribution des sauts $\Pi(k) - \Pi(k-1)$. C'est là une conséquence directe du théorème central limite classique. La conclusion de celui-ci est que, lorsque $E[\Pi(k) - \Pi(k-1)]^2 < \infty$, la distribution exacte des sauts $\Pi(k) - \Pi(k-1)$ importe peu, et la distance $\Pi(k) - \Pi(0)$ obéit asymptotiquement à la distribution gaussienne.

Dans l'espace, il s'ensuit que la densité moyenne des sites est proportionnelle à R^{-1} et tend vers 0 quand $R \to \infty$. En fait, si l'origine du repère est choisie avec une probabilité uniforme dans l'espace, on peut montrer qu'une sphère de rayon R fini ne contiendra aucun site

$\Pi(k)$. Donc, vue d'une origine arbitraire, la distribution des sites est dégénérée, sauf dans des cas de probabilité totale nulle. En résumé, le principe cosmographique s'applique bien aux sites d'arrêt, mais uniquement en un sens à la fois statistique et conditionnel. De façon plus générale, la restriction du principe cosmographique à une forme conditionnelle est requise dès que $M(R)$ croît moins vite que R^3.

Le fait que $M(R)$ croît comme R^2 est conforme à l'idée que, dans un des multiples sens formels du terme "dimension", la dimension de l'ensemble des sites $\Pi(k)$ est égale à 2. Cependant, le vol ci-dessus procède par sauts discrets. Donc, strictement parlant, il ne peut pas être à homothétie interne. Afin de pouvoir appliquer le concept de dimension d'homothétie, tel qu'il a été défini ci-dessus pour la courbe de von Koch et la poussière de Cantor, il est nécessaire de rendre k continu, et en même temps d'interpoler notre fonction $\Pi(k)$.

Lorsque les sauts d'un vol de Rayleigh sont gaussiens, l'interpolation est possible et conduit au mouvement brownien isotrope. Ceci peut se faire par étapes qui rappellent celles de la construction de von Koch, mais sont soumises au hasard: d'abord on établit les positions pour k entier. Puis on interpole pour k multiple de $1/2$, la trajectoire en étant allongée, et ainsi de suite à l'infini. À la limite, le "saut élémentaire" entre k et $k + dk$ est une variable gaussienne de moyenne nulle et de variance égale à dk. Sans entrer dans les détails, disons que le mouvement brownien est effectivement à homothétie interne et de dimension fractale $D = 2$, aussi bien dans le plan que dans l'espace. Il en résulte qu'il a rempli le plan de façon dense, tandis qu'il laisse l'espace quasiment vide.

Mais revenons à une question déjà posée dans le cas des approximations poussées, mais finies, de la côte de Bretagne: étant donné que le concept de dimension implique un passage à la limite, conserve-t-il une quelconque utilité lorsque k est discret? Ma réponse répond à la nature de la dimension physique effective; elle est, une fois de plus, affirmative.

UN CONCEPT GÉNÉRALISÉ DE DENSITÉ. REMARQUE SUR L'EXPANSION DE L'UNIVERS

Revenons au fait qu'on peut, sans nuire à la stationnarité conditionnelle, pondérer chaque arrêt d'un vol de Rayleigh d'une masse choisie au hasard, les diverses masses étant statistiquement indépendantes. Si l'on veut une "distribution uniforme", on choisira des masses égales. Il en est de même d'une trajectoire brownienne: s'il est vrai que la masse entre les points de paramètres k' et k est égale à $\delta|k'-k|$, il est commode de penser la trajectoire comme portant une densité uniforme δ.

Voyons ce que ceci donne du point de vue d'une expansion uniforme, dont Edwin Hubble a montré qu'elle régit notre Univers. Habituellement, on admet que ladite expansion part d'une densité uniforme δ. Si l'Univers est en expansion, δ se modifie progressivement, mais sans jamais détruire l'uniformité.

On croit généralement que toute autre distribution serait changée par expansion, mais un seul contre-exemple suffit à démontrer qu'il n'en est point ainsi. Si l'on part de la distribution brownienne, l'expansion a exactement le même effet que dans le cas uniforme: δ change, mais l'uniformité reste. Donc, les sites d'un vol de Rayleigh interpolé sont éminemment compatibles avec l'expansion de l'Univers.

L'UNIVERS SEMÉ: UN NOUVEAU MODÈLE DE LA DISTRIBUTION DES GALAXIES

Le modèle brownien n'en manifeste pas moins deux caractères inacceptables en cosmographie: c'est une courbe continue, tandis qu'on ne voit rien de tel dans les distributions stellaires, et la valeur de sa dimension, $D = 2$, est plus grande que le $D \sim 1,3$ suggéré par les faits. Donc, pour sauver les vertus du mouvement brownien, y compris son invariance par expansion de l'Univers, il faudra en modifier un aspect essentiel.

SITES D'ARRÊT D'UN VOL DE LÉVY.
LES GALAXIES COMME POUSSIÈRE FRACTALE
DE DIMENSION $D < 2$

La généralisation que je propose substitue au vol de Rayleigh ce que j'appelle un vol de Lévy. Il privilégie les très grandes valeurs de la distance U de $\Pi(k)$ à $\Pi(k+1)$, en leur donnant une probabilité non négligeable, de telle façon que l'espérance mathématique EU^2 devient infinie. Plus précisément, afin de s'assurer que les sites d'arrêt seront asymptotiquement à homothétie interne, on prend $\Pr(U > u) = u^{-D}$. C'est la distribution hyperbolique qui nous est familière à travers l'étude de la distribution des longueurs des intermissions discutées au chapitre IV. Pour satisfaire notre condition $EU^2 = \infty$, il est aisé de voir qu'il faut que $0 < D < 2$.

Le degré d'amassement qui s'ensuit est illustré par les figures 94 à 100, montrant soit des détails vus en projections horizontales, sans perspective, soit la carte de la région "équatoriale" céleste. La figure 101 présente, à titre de comparaison, une portion du Ciel tel qu'on l'observe. Visuellement, l'amassement relatif à $D = 1$ est excessif, mais $D = 1,3$ est conforme aux estimations de Gérard de Vaucouleurs.

Qui saura expliquer le conflit entre la valeur expérimentale $D = 1,3$ et le $D = 1$ théorique?

La conséquence majeure de cette nouvelle loi $\Pr(U > u) = u^{-D}$ est la suivante: que l'on soit dans le plan ou l'espace (lorsque $D < 1$, c'est même vrai sur la droite), la quantité $EM(R)$ devient désormais proportionnelle à R^D, le rapport $M(R)/EM(R)$ étant une variable aléatoire indépendante de R.

En particulier, contrairement à ce qu'on constate dans le vol de Rayleigh, l'exposant d'un vol de Lévy dépend explicitement de la distribution des sauts. C'est dû au fait que, lorsque $EU^2 = \infty$, le théorème central limite classique cesse d'être valable, et qu'il doit être remplacé par un théorème central limite spécial, dont la forme dépend de la loi des sauts. La limite dans ce théorème constitue la version tridimensionnelle d'une variable aléatoire "stable" au sens de Paul Lévy (chapitre XIV).

Le cas scalaire est traité dans le volume 2 de Feller 1966. Le cas tridimensionnel avec $D = 3/2$ se rencontre en physique dans le problème de Holtsmark, discuté dans Feller 1966 et Chandrasekhar 1943. La loi stable correspondant à $D = 1$ est appelée loi de Cauchy, d'où le terme "vol de Cauchy" utilisé dans les figures 94 et 97.

En résumé, grâce à la possibilité de contrôler la loi des sauts, notre choix de la dimension est devenu plus libre: on peut obtenir la valeur $D = 1$ ou toute autre valeur suggérée par les faits et par les théories.

Toutefois, le modèle cosmographique que j'ai basé sur le vol de Lévy ne doit pas être pris trop au sérieux. Sa principale vertu réside dans le fait qu'il donne une démonstration, à la fois simple et constructive, du caractère non trivial de ma généralisation conditionnelle du principe cosmographique.

P.-S. Mon modèle s'est vite révélé avoir une autre vertu, imprévue. Les corrélations théoriques entre les densités des galaxies, prises entre 2 et 3 directions du Ciel, ont été calculées dans Mandelbrot 1975u, et les résultats se trouvent être *identiques* à ceux que Peebles 1980 obtient de façon empirique. Voir aussi le P.-S. de la p. 101.

COMPARAISON AVEC LES ERREURS DE TÉLÉPHONE

Si un vol de Lévy avec $D < 1$ est contraint à rester sur la droite, ses sites d'arrêt ressemblent à l'ensemble qui a été obtenu au chapitre IV, en battant au hasard l'ordre des intermissions d'une poussière de Cantor pour laquelle $\eta > 0$. La différence est que les intermissions du chapitre IV se suivent de gauche à droite, tandis que celles du vol de Lévy sont isotropes: elles vont au hasard, avec des probabilités égales, dans l'une ou l'autre direction. La raison pour laquelle la construction a dû être rendue isotrope est évidemment que l'idée de voler de gauche à droite n'est généralisable ni au plan, ni à l'espace, ceux-ci n'étant pas pourvus d'un ordre naturel.

Dans le cas de la droite, on a le choix entre deux méthodes, et la construction isotrope est la moins facile à manipuler. Premièrement, si l'origine est un point de l'ensemble, les ensembles de sites à abscisse positive ou négative sont indépendants dans le vol de gauche à droite, mais il ne sont pas indépendants dans le vol isotrope. Deuxièmement, chaque saut d'un vol de gauche à droite est identique à une seule intermission. Au contraire, un vol isotrope revient en arrière une fois sur deux, et se pose presque toujours au milieu d'un saut précédent. Donc, presque toute intermission est l'intersection de plusieurs sauts. Néanmoins, à cause de l'homothétie interne du tout, la distribution de la longueur d'une intermission reste de forme hyperbolique.

Autre complication de même origine: rappelons qu'afin d'établir la tendance à l'"amassement hiérarchique", le chapitre IV introduit des intervalles dits " "u_o-rafales", qui sont séparés par des sauts de longueur dépassant u_o. Dans la construction de gauche à droite, il est exclu que deux rafales aient des points communs. Dans la construction isotrope, cette possibilité n'est pas exclue, mais on démontre que sa probabilité reste suffisamment faible, et d'autant plus faible que D est petit, pour qu'on puisse encore parler de rafales hiérarchisées.

UNIVERS FRACTALS OBTENUS PAR AGGLUTINATIONS SUCCESSIVES

Revenons maintenant à un point de vue plus physique, pour signaler que de nombreux auteurs ont donné, de la genèse des étoiles et d'autres objets célestes, une explication diamétralement opposée à celle de Hoyle.

Ils n'invoquent pas une cascade *descendante*, à savoir la fragmentation de très grandes masses très diffuses en morceaux de plus en plus petits, mais une cascade *remontante*, à savoir l'agglutination de poussières très dispersées en morceaux de plus en plus gros. Le problème – nous en reparlerons au moment approprié – ressemble beaucoup à celui que posent les cascades en théorie de la turbulence. Or, dans ce dernier domaine, les résultats les plus récents suggèrent que les deux sortes de cascade coexistent. On peut donc espérer pour la dispute confuse, qui oppose les partisans de la fragmentation et de la coagulation, qu'elle pourra être résolue dans un avenir pas trop éloigné.

(P.-S. 1989. L'étude des aggrégats fractals est devenue très active depuis 1982, quoique dans un contexte très différent. Voir Feder 1988, Viszek 1989 et Evertsz 1989.)

93

Fig. 93 : L'UNIVERS SELON FOURNIER D'ALBE

Paraphrasons la légende de l'original, dans Fournier 1907 : "Ce diagramme décrit un multi-Univers construit sur un principe cruciforme ou octaédral. Quoique ce ne soit le plan ni de l'infra-monde ni du supra-monde, le diagramme est très utile, car il montre qu'une hiérarchie infinie d'univers homothétiques peut exister sans que "le Ciel soit de feu". Si les points représentent les atomes de l'infra-monde, la figure qu'entoure le cercle a représentera une étoile de l'infra-monde, c'est-à-dire un atome du nôtre. Le cercle A correspondra à une étoile de notre monde et le tout représentera une "supra-étoile".

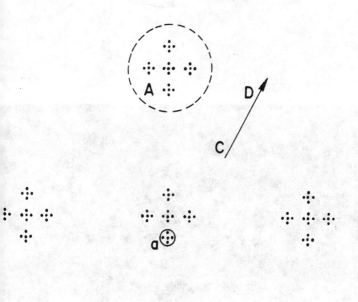

A

D = 1

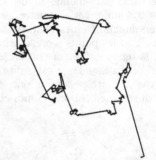

B

Fig. 94 : UN "UNIVERS SEMÉ" DE MANDELBROT, DONT L'AMASSEMENT EST MOYEN, $D = 1$

Les diagrammes A et B sur la page précédente illustrent la simulation, sur ordinateur, d'un vol de Cauchy, ainsi que l'utilisation d'un tel vol pour engendrer un Univers en "semant" un point à chaque arrêt.

A est une suite de segments de droites, dont les directions sont isotropes – tous les angles ont la même probabilité – et dont les longueurs suivent la densité de probabilité u^{-2} correspondant à $D = 1$. À l'échelle de reproduction de la présente figure, la plupart des segments sont bien trop petits pour être visibles. En d'autres termes, là où l'on croit voir se joindre deux segments visibles on n'a pas affaire à un point isolé, mais à un petit amas de points.

Sur B, les lignes génératrices ont été effacées, et chaque site d'arrêt est désormais représenté par une "galaxie". La distribution géométrique des galaxies que l'on obtient par cette construction a la propriété d'être, du point de vue statistique, exactement la même pour tout observateur qui se place lui-même sur une galaxie. Dans ce sens, toute galaxie peut légitimement se considérer comme étant au "centre du monde". C'est là l'essentiel du "principe cosmographique conditionnel" proposé dans le présent essai.

Donc, le diagramme que voici fait sauter aux yeux la validité de deux de mes principaux thèmes fractals: a) mon principe conditionnel est parfaitement compatible avec un amassement d'apparence hiérarchique et riche en niveaux et b) cet amassement et d'autres configurations en tous genres peuvent se manifester dans un objet dans lequel rien de tel n'avait été inséré "sur mesures". Le degré d'amassement qui correspond à la dimension $D = 1$ peut être utilement considéré comme "moyen", ceux correspondant à $D > 1$ (fig. 99) et à $D < 1$, étant, respectivement, "inférieur à la moyenne" et "supérieur à la moyenne".

Fig. 97 : VUE LATÉRALE DU MÊME
"UNIVERS SEMÉ" D'AMASSEMENT MOYEN, $D = 1$

Précisons la figure précédente, en indiquant qu'il s'agissait là d'un diagramme spatial qu'on avait projeté sur le plan $y0z$, l'origine 0 étant en bas à droite, et $0z$ étant vertical et orienté vers le haut. (L'ordre des figures nous oblige à utiliser des axes de coordonnées inhabituels.)

Les diagrammes A' et B' sur la page 97 constituent les projections correspondantes sur le plan $z0x$, l'origine 0 étant maintenant en bas à gauche, et l'axe $0z$ étant toujours vertical. Cet arrangement a pour but d'aider le lecteur à se créer le sens de l'espace, par exemple s'il place ce livre sur une table, après l'avoir ouvert à 90°, et qu'il fait abstraction de cette feuille de légendes (recto et verso). S'aidant de la comparaison de A et de A', le lecteur notera l'énorme super-super-amas, particulièrement riche en niveaux hiérarchiques, qui constituait B tout entier. On voit qu'il est en fait en grande partie dû à un effet de perspective, et qu'il se résoud sur B' en un objet assez diffus. Il en est de même de son "noyau", lequel paraît compact sur B mais s'effile sur B'. D'autres amas, au contraire, se coalescent.

97

A'

B'

D = 1

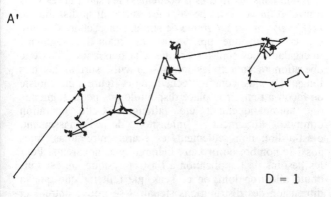

Fig. 99 : UN UNIVERS SEMÉ DONT L'AMASSEMENT EST INFÉRIEUR À LA MOYENNE, $D = 1,5$

Ces deux diagrammes représentent respectivement (comme dans les figures précédentes) les sauts et les sites d'arrêt d'un vol isotrope dont les sauts ont la distribution $\Pr(U > u) = u^{-1,5}$. La graine de simulateur pseudo-aléatoire est la même que pp. 94 et 95, mais les segments intergalactiques sont tous portés à la puissance 2/3. Cette opération raccourcit les longs segments, surtout les très longs. De plus, comme l'échelle de la figure a été choisie de façon à remplir la place disponible, les petits segments ont automatiquement été rallongés. Cette opération diminue fortement l'intensité de l'amassement, c'est-à-dire, non seulement les écarts entre amas, mais aussi le nombre de niveaux hiérarchiques apparents. Pour les besoins de l'application à l'astrophysique, on est sans doute allé trop loin, en ce sens que tout indique que la dimension des distributions stellaires se trouve entre 1 et 1,5.

P.-S. La meilleure estimation est $D \sim 1,23$.

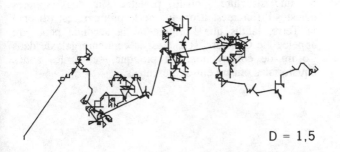

$D = 1,5$

Fig. 100: ZONE ÉQUATORIALE D'UN "UNIVERS SEMÉ" VUE DE LA TERRE ET DU "CENTAURE"

Cette figure est engendrée par le même procédé que les amas isolés représentés sur les figures 94 à 99. Toutefois, la dimension est $D = 1,2$. Chose plus importante, on voit ici une structure globale, projetée sur deux sphères célestes différentes. L'origine de la première est (disons) la Terre, tandis que l'origine de la seconde peut être appelée "le Centaure", car c'est la centième galaxie dans l'ordre de construction. En pratique, seules les zones équatoriales ont pu être représentées.

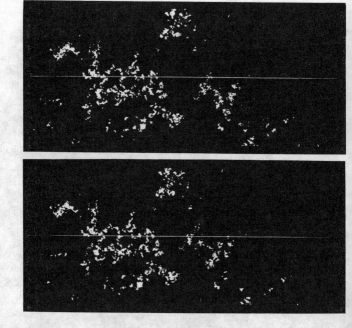

Fig. 101 : LA DISTRIBUTION DES VRAIES GALAXIES

Cette figure est relative aux principaux groupes de galaxies dont la distance à la Terre est inférieure à 16 megaparsecs. Elle montre qu'il existe une ressemblance générale entre la réalité et le modèle décrit dans le texte. Vue de près, la ressemblance est moins frappante. (Voir P.-S., ci-dessous.) Graphique reproduit de Heidmann 1973, avec l'autorisation de l'éditeur.

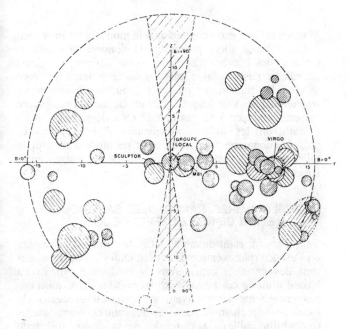

P.-S. La page 100 révèle que mon modèle d'Univers semé engendre inévitablement des grands vides séparés par des "traînées". Les astronomes m'ont vite signalé que des traînées sont effectivement observées, mais que les vides de la page 100 sont de taille excessive. Je décris à la page 132 un procédé pour obtenir un modèle fractal moins "lacunaire".

CHAPITRE VII

Modèles du relief terrestre

Maintenant que nous connaissons le mouvement brownien ordinaire, nous allons passer aux randonnées sans boucle. Ce sont des courbes auxquelles – par définition – il est interdit de passer plus d'une fois en un point. Elles vont servir de transition vers les courbes browniennes fractionnaires, pour lesquelles l'interdiction est remplacée par une tendance à ne pas revenir en arrière. Enfin, nous examinerons les surfaces browniennes, d'abord ordinaires puis fractionnaires, qui fournissent un modèle de tout le relief terrestre, et vont nous permettre de représenter enfin les côtes.

PRÉLIMINAIRES: RANDONNÉES SANS BOUCLE.
EFFET DE NOÉ ET EFFET DE JOSEPH

Tout d'abord, étant donné un lattis de points, dans le plan ou l'espace (par exemple ceux dont toutes les coordonnées sont des entiers), considérons la randonnée qui va au hasard d'un de ces points vers ses voisins, ceux qui n'ont pas encore été visités ayant des probabilités égales de l'être au prochain instant, et les autres étant exclus (probabilité nulle). Dans le cas de la droite, une telle randonnée continue dans l'une ou l'autre direction, sans jamais s'inverser, ce qui n'est pas intéressant. Mais dans les cas du plan et de l'espace, le problème est très intéressant, et aussi très difficile. Son importance pratique dans l'étude des polymères est cependant telle, qu'il a fait l'objet de simulations très détaillées.

Le résultat qui nous intéresse est le suivant, dû à Domb 1964-1965 et décrit dans Barber & Ninham 1970. Après

n pas, la moyenne quadratique du déplacement R_n est de l'ordre de grandeur de n porté à une certaine puissance que nous dénoterons par $2/D$. Ceci suggère fortement que, dans un cercle ou une sphère de rayon R autour d'un site, on doit s'attendre à trouver environ R^D autres sites. Combien il est tentant de conclure que le D ci-dessus est une dimension! Ses valeurs sont les suivantes: sur la droite $D = 1$. Dans le plan, $D = 4/3$. Dans l'espace ordinaire $D = 5/3$. Enfin, dans un hyper-espace dont la dimension tend vers l'infini, les risques de boucle s'amenuisent et $D \to 2$.

Que le $D = 4/3$ correspondant au plan rappelle les données de Richardson sur les côtes les plus accidentées, paraît une coïncidence. De toute façon, il n'y a pas lieu de s'appesantir, car, dans le cas des randonnées sans boucle, le principe cosmographique, sur l'importance duquel nous avons insisté, ne paraît s'appliquer sous aucune forme utile.

Comparons, cependant, le comportement de $M(R)$ pour un vol de Lévy et pour une randonnée sans boucle. La forme analytique est la même, mais les raisons de base sont extrêmement différentes. En effet, le vol de Lévy procède par sauts indépendants, et $D < 2$ est dû à la présence occasionnelle de très grandes valeurs séparant des amas distincts. Dans une randonnée sans boucle, au contraire, les sauts sont de longueur fixe, et $D < 2$ est dû à ce que le fait même d'éviter les positions antérieurement occupées donne au mouvement une sorte de persistance.

Mon inédit sur les *Formes nouvelles du hasard dans les sciences* (en partie repris dans Mandelbrot et Wallis 1968 et Mandelbrot 1973f) baptise ces causes, respectivement, Effet de Noé et Effet de Joseph, honorant ainsi deux héros bibliques, à savoir celui du Déluge et celui du rêve des sept vaches grasses et des sept vaches maigres.

MOUVEMENTS BROWNIENS FRACTIONNAIRES

L'histoire biblique de Joseph mérite d'être prise très au sérieux. Elle se réfère sans doute à un événement réel, à savoir une suite de hauts et de bas niveaux du Nil. En effet, les niveaux du Nil sont extraordinairement persistants, et il en est de même de très nombreuses autres rivières. Le phénomène doit être signalé, parce que nous allons faire grand usage de la description mathématique qui en a été donnée dans Mandelbrot 1965h et, avec plus de détails et des illustrations, dans Mandelbrot & Wallis 1968. Elle consiste à représenter les décharges annuelles du Nil par les accroissements d'un certain processus stochastique pour lequel j'ai proposé le terme de *mouvement brownien fractionnaire*. Il sera dénoté par $B_H(t)$. Il s'obtient en modifiant le mouvement brownien scalaire de la figure 61, afin de l'adoucir, de le rendre moins irrégulier *à toutes les échelles*. L'intensité de l'adoucissement, et donc celle de la persistance des accroissements, dépend du paramètre unique H.

Par convention, la valeur $H = 0,5$ ramène au cas classique, où il n'y a aucune dépendance, tandis que la persistance augmente progressivement quand H croît de 0,5 à 1. Ainsi, les décharges annuelles du Nil, qui sont très loin d'être indépendantes, se trouvent être fort bien représentées par les accroissements annuels d'un mouvement brownien fractionnaire de paramètre $H = 0,9$. Pour la Loire, H est plus voisin de 0,5. Pour le Rhin, $H = 0,5$, aux erreurs près.

Tout ceci est passionnant, mais il ne s'agit ici que d'une préparation à l'étude de courbes dans le plan. Là aussi, il est raisonnable de chercher à généraliser le mouvement brownien, de telle façon que sa direction tende à persister, tout en lui conservant son caractère de courbe continue. (Le chapitre VI, tout au contraire, cherche à briser la continuité, sans introduire de persistance.) Ceci équivaut à rechercher, non pas l'obligation, mais simplement une tendance plus ou moins intense, à ce que la trajectoire évite de s'intersecter.

Si, de plus, on veut préserver l'homothétie interne – comme il est de règle dans le présent essai – le plus simple sera que les deux coordonnées soient des mouvements browniens fractionnaires, statistiquement indépendants, et ayant le même paramètre H.

Trois exemples de courbes ainsi obtenues sont représentés sur les figures 113 à 115. Si nous avions tracé chacune des coordonnées comme fonction du temps, leur allure aurait assez peu différé de celle de la figure 61, tandis qu'en deux dimensions l'effet du choix de H est incomparablement plus accentué. Pour le premier tracé (fig. 113), H prend la valeur 0,9, dont il a été dit qu'elle rend compte de l'Effet Joseph pour le Nil. Ayant ainsi une très forte tendance à continuer dans toute direction dans laquelle il s'est engagé, notre point, on le voit bien, diffuse beaucoup plus rapidement que ne le fait le mouvement brownien usuel. Il réussit, de ce fait, à éviter les boucles trop visibles. Il y arrive même à tel point, que – pour revenir à la question discutée au chapitre II – notre courbe serait a priori une image fort raisonnable de la forme des côtes les moins irrégulières.

Ceci est d'ailleurs confirmé par la valeur de sa dimension fractale: le D du mouvement brownien fractionnaire plan est $1/H$. Donc il est au moins égal à 1 – comme il se doit intuitivement pour une courbe continue. De plus, le cas dit "persistant", caractérisé par $H > 1/2$, donne un D inférieur à 2 – ce qui est conforme intuitivement au fait que ladite courbe remplit le plan de façon moins dense que ne le fait le mouvement brownien ordinaire. Donc, dans le cas spécifique de la figure 113, on a $D = 1/0,9 = 1,11\ldots$. Pour tracer les figures 114 et 115, le H a été changé, tout en conservant la graine de générateur pseudo-aléatoire déjà utilisée dans la figure 113. Ce procédé souligne comment l'irrégularité et la dimension fractale augmentent quand H diminue. On voit également que la tendance à éviter les boucles s'affaiblit très rapidement au fur et à mesure que D augmente. Donc, notre recherche d'un modèle des côtes n'a pas encore abouti. Nous allons la reprendre dans un instant.

Signalons que le mouvement brownien fractionnaire scalaire peut également être défini pour $0 < H < 0,5$, mais une courbe dont les deux coordonnées sont de telles fonctions diffuse *plus lentement* que le mouvement brownien usuel, rebroussant chemin constamment et couvrant le plan de façon répétée. Comme pour $H = 0,5$, la dimension fractale prend la plus grande valeur concevable dans le plan, à savoir $D = 2$.

MODÈLE BROWNIEN DU RELIEF TERRESTRE ET STRUCTURE DES CÔTES OCÉANIQUES

Faisons le point: à deux reprises déjà, nous avons échoué dans notre quête d'un raccourci permettant de représenter une côte sans se soucier du relief. Il est temps de reconnaître que cet espoir était déraisonnable, et d'attaquer le problème des côtes à travers celui de la représentation du relief tout entier. Nous allons bientôt construire un modèle qui engendre des surfaces statistiquement identiques à celle qu'illustre la figure 117, mais il nous faut faire un ultime détour.

Ne connaissant que trop les difficultés que posent les boucles, nous allons aborder le relief à travers des courbes caractéristiques qui ne peuvent en comporter aucune. Si l'on néglige les roches en surplomb, les coupes verticales font l'affaire. La légende de la figure 61 observe qu'une randonnée scalaire donne déjà une idée de ces coupes, idée grossière bien sûr, mais pas vraiment déraisonnable en première approximation. N'aurions-nous donc pas, dans notre boîte à outils de confectionneur professionnel de modèles, une surface aléatoire dont les coupes verticales sont toutes des mouvements browniens?

Jusqu'à présent, un tel outil ne s'y trouvait pas, mais je propose qu'on l'y fasse entrer: il s'agit de la fonction brownienne d'un point, $B(P)$, telle qu'elle est définie dans Lévy 1948. Son inventeur a su merveilleusement en décrire les principaux aspects, sans avoir pu (l'aurait-il même voulu?) la dessiner. Désormais, puisque nous voulons l'appliquer concrètement, il faut en acquérir une idée intuitive. Je crois bien que le dessin de la figure 119 de cet essai en constitue le premier échantillon à être dessiné et publié.

Première constatation: sa ressemblance générale avec la surface de la Terre est réelle mais approximative. Elle nous encourage cependant à voir de plus près dans quelle mesure nous avons fait des progrès dans l'étude des côtes océaniques, définies comme étant les courbes formées par les points situés au niveau de l'Océan. Un graphique ainsi obtenu est représenté à part sur les figures 120-121. La page 121 en haut nous donne enfin l'exemple, tant cherché, de courbe pratiquement dépourvue de points doubles qui, d'une part, a une dimension fractale nettement supérieure à 1, et qui, ensuite, nous rappelle quelque coin du globe. Plus précisément, ladite dimension est $D = 1,5$, et notre graphique rappelle bien le nord du Canada, les Iles de la Sonde (la ressemblance augmente si le niveau de la mer baisse et que les îles deviennent donc plus grandes), ou même (si la mer devenait encore plus basse) la mer Egée.

Le modèle est applicable à d'autres exemples encore, mais les données de Richardson suggèrent en général un D en deçà de 1,5. C'est dommage, car la valeur $D = 1,5$ aurait été facile à expliquer: en effet, Mandelbrot 1975b montre que la fonction $B(P)$ est une excellente approximation à un relief qui aurait été engendré par une superposition de failles rectilignes indépendantes.

Le modèle générateur est tout bonnement celui-ci: partant d'un plateau horizontal, on le casse le long d'une droite choisie au hasard, et l'on introduit une sorte de falaise, une différence de niveau aléatoire entre les lèvres de la cassure. Puis on recommence, sans fin. En procédant ainsi, on généralise au plan la construction poissonnienne signalée à la fin de la légende de la figure 61. On voit que l'argument saisit au moins un aspect de l'évolution tectonique, et qu'il nous conduit à ajouter $B(P)$ à la liste des hasards primaires discutée au chapitre III.

Toutefois, ce faisant, nous devons renoncer à un aspect qui avait jusqu'à présent caractérisé ces hasards, à savoir l'indépendance de leurs parties. La discussion de ce point est inévitablement technique, et doit être considérée comme une digression. Considérons deux points, l'un à l'Est et l'autre à l'Ouest d'une section Nord-Sud du relief. Il est clair que connaître le relief le long de la section réduit l'indétermination qui existe quant au relief au point Est. Or, on peut montrer que cette indétermination diminue encore, lorsqu'on connaît le relief au point Ouest. Si, au contraire, elle était restée inchangée, le probabiliste aurait dit que le relief est markovien, ce qui aurait exprimé un certain degré d'indépendance entre les pentes de part et d'autre de la ligne Nord-Sud. (Pour les surfaces irrégulières qui nous concernent, l'idée de pente est périlleuse. Mais il n'y a pas d'inconvénient, ici, à laisser ce point en suspens.) L'influence du relief à l'Ouest sur le relief à l'Est exprime que le processus générateur manifeste – inévitablement – une forte dépendance globale.

MODÈLE BROWNIEN FRACTIONNAIRE DU RELIEF

Malheureusement, répétons-le, le D qu'on observe pour les côtes diffère en général de $D = 1,5$, et il nous faut donc continuer notre recherche si nous voulons un modèle qui tienne de façon plus générale. Nous devons même chercher dans une direction inhabituelle, car au chapitre II j'œuvrais pour qu'on accepte de faire monter D au-dessus de 1, et désormais il me faut le faire descendre en dessous de 1,5! Pour avoir ainsi des côtes moins irrégulières, il nous faut des coupes verticales moins irrégulières. Heureusement, des sections antérieures de ce chapitre nous ont bien préparés, car deux possibilités sautent aux yeux.

Tout d'abord, il suffit, comme modèle des coupes verticales, de remplacer la fonction brownienne usuelle par un exemple approprié des variantes fractionnaires introduites ci-dessus. Effectivement, il existe des surfaces aléatoires $B_H(P)$ dont les coupes verticales sont des fonctions $B_H(t)$. De plus, j'ai mis au point des algorithmes permettant de les simuler sur ordinateur. La surface a la dimension $3 - H$, et ses sections planes – y compris les côtes, les autres lignes de niveau, ainsi que les coupes verticales – ont toutes la dimension $2 - H$.

Il n'y a donc plus aucune difficulté à obtenir toute dimension que les données empiriques se révèlent exiger! On s'attend à $D = 1,3$, donc à $H = 0,7$, valeur qui justifie, enfin, notre figure 117. Mais on connaît aussi des exemples où H et D sont tous deux près de 1 (donnant lieu à de grands massifs montagneux), et il arrive que H soit près de 0 et D près de 2 (donnant lieu à l'illusion des plaines alluviales inondées). Donc, revenant à l'image déjà utilisée de la boîte à outils de confectionneur de modèles, nous voyons que toutes les fonctions $B_H(P)$ doivent y trouver leur place.

Deuxième possibilité: partons de la construction de $B(P)$ comme superposition de failles verticales rectilignes, et rabotons chaque faille de façon que sa pente augmente puis diminue de façon progressive. Il est possible d'obtenir $B_H(P)$ de cette façon, mais il faut pour celà imposer au profil de la faille une certaine forme très spécifique, et dont il faut dire qu'elle n'est pas, a priori, très naturelle. C'est dire que la tectonique imaginaire sous-jacente n'est pas très convaincante, n'est pas très explicative.

Nous allons donc, à titre de digression, esquisser diverses forces susceptibles d'effectuer l'action uniformisatrice que traduit l'augmentation de H. Dans l'espoir de rendre compte de la persistance "joséphine" des niveaux de rivières, les ingénieurs commencèrent par tenir compte de l'eau que les réservoirs naturels peuvent emmagasiner d'une campagne à la suivante. On s'attendait donc à voir les décharges annuelles d'une rivière varier plus lentement que dans l'hypothèse d'indépendance. Cependant, j'ai démontré que le rabotage des chroniques qu'implique ce modèle simplifié est trop exclusivement local. Si on tient à invoquer de telles forces uniformisatrices pour expliquer le modèle brownien fractionnaire, il faudra un grand nombre de rabotages successifs, d'échelles différentes. On pourrait, par exemple, représenter le niveau du Nil comme une superposition additive de toute une série de processus indépendants. D'abord un hasard d'ordre un, qui tient compte des réservoirs naturels (déjà mentionnés), n'impliquant que des interactions d'année en année. Ensuite un hasard d'ordre deux, qu'on qualifierait de microclimat, variant encore plus lentement. Puis un climat variable, et ainsi de suite. Du point de vue entièrement théorique, il faut continuer ainsi à l'infini. Toutefois, l'ingénieur hydrologue s'arrêtera aux échelles de temps de l'ordre de grandeur de l'horizon (toujours fini) d'un projet de contrôle des eaux.

Revenant maintenant au relief, il faut commencer par noter (il était temps) qu'il est inconcevable que les modèles browniens conviennent de façon globale, tout simplement parce que la Terre est ronde. Il est vrai que Lévy a défini également une fonction brownienne sur la sphère, mais elle ne paraît pas non plus convenir. (P.-S. Voyez cependant Mandelbrot 1977f, 1982f.) Le mieux est donc de s'arrêter à des échelles moyennes, en admettant que les divers rabotages subis par le relief au cours de l'histoire géologique ont des échelles spatiales allant au plus jusqu'à l'ordre de grandeur des continents. Si on pensait que toute la Terre correspond à une valeur unique de H et de D, il aurait fallu ajouter que les intensités relatives des divers rabotages ont un caractère universel. Mais si on admet (de façon plus réaliste) que H varie de lieu à lieu, ces intensités relatives auraient un caractère local, elles aussi.

SUPERFICIES PROJECTIVES DES ÎLES

Un autre test encore de l'adéquation du modèle brownien fractionnaire s'obtient en comparant les distributions théorique et empirique des superficies projectives des îles de l'Océan, c'est-à-dire des superficies mesurées après projection sur une sphère terrestre idéalisée. Cette définition compliquée est inévitable, car il n'y a nul doute que, tout comme la longueur du périmètre d'une île, sa vraie superficie est infinie (ou, si l'on préfère, dépend de l'étalon de mesure), tandis que la superficie projective S ne pose aucun problème conceptuel. De plus, la distribution des superficies relatives saute aux yeux lorsqu'on regarde une carte. Elle est même plus frappante (songeons à la Mer Egée) que la forme des côtes. Il n'est donc pas surprenant que l'on en ait fait l'étude statistique. On trouve que la distribution de S est à homothétie interne: c'est la distribution hyperbolique $\Pr(S > s) = s^{-B}$. Korcak avait hâtivement conclu que $B = 0,5$, mais j'ai trouvé qu'un B plus général est nécessaire. La simplicité du résultat de Korcak attira l'attention de Fréchet. En l'écoutant, l'idée me vint à l'esprit qu'il suffirait, pour en rendre compte, que le relief soit lui aussi à homothétie interne, et cette idée finit par aboutir à mon modèle brownien fractionnaire du relief.

Ledit modèle prévoit que $2B = D = 2 - H$. Si H est très voisin de 1, les aires sont très inégales, en ce sens, par exemple, que la 10e île est presque négligeable en superficie à côté de l'île la plus grande. L'inégalité diminue avec H. Notons que la valeur de B correspondant au relief fractal avec $H = 0,7$ est très proche des données empiriques relatives à l'ensemble de la Terre.

LE PROBLÈME DES SUPERFICIES DES LACS

Les auteurs qui ont dépouillé les aires des îles en ont naturellement fait de même pour les lacs, et leurs résultats méritent, eux aussi, d'être examinés. La loi hyperbolique se trouve donner une représentation aussi bonne que pour les îles. Donc, une analyse superficielle pourrait nous faire conclure qu'il n'y a rien de nouveau. Cependant, si on y réfléchit, cette nouvelle confirmation paraît trop bonne pour être croyable, parce que la définition d'un lac n'est nullement symétrique de celle d'une île océanique. Tandis que nous avons pu définir ces dernières pour qu'il y en ait une partout où le relief l'exige, la présence d'un lac dépend de mille autres facteurs: par exemple, il n'est retenu dans sa cuvette que si celle-ci est imperméable, et son aire (pensez à la mer Morte et au lac Tchad) varie avec la pluie, le vent et la température ambiante. De plus, les sédiments des lacs affectent le terrain pour en adoucir la forme. Le fait que l'homothétie interne survit à toutes ces influences hétéroclites mérite donc une explication particulière.

Le pessimiste s'inquiète, se demandant s'il n'y a pas lieu de revenir en arrière et de mettre en doute des résultats acquis, comme celui relatif aux îles. Par contre, l'optimiste (j'en suis un!) conclut simplement que toutes les influences autres que celle du relief paraissent être entièrement indépendantes de la superficie. (En effet, le produit d'un multiplicande aléatoire hyperbolique par un multiplicateur presque complètement arbitraire se trouve être lui-même hyperbolique.)

Il faut espérer, de toute façon, que des mathématiciens voudront bien s'intéresser à la structure des cuvettes, ne serait-ce que dans le cas brownien $H = 0,5$.

MODÈLE FRACTAL
DES RIVES D'UN BASSIN FLUVIAL

Beaucoup de ce que le chapitre II dit des côtes océaniques s'applique tout aussi bien aux rives d'un fleuve. Cependant, l'analogie ne peut être qu'approximative. En effet, nous avions remplacé l'instantané d'une côte, qui varie avec le vent et les marées, par la courbe de niveau zéro, qui est entièrement définie par le relief. Rien de pareil n'est réalisable pour une rive de fleuve. Elle n'est pas seulement fonction du relief, mais aussi de la porosité du sol et de la pluie et du beau temps, non pas seulement au moment de l'observation, mais tout au long d'une période de temps fort mal déterminable. Toutefois, malgré ce manque cruel de permanence, les systèmes fluviaux, tout comme les lacs, se trouvent posséder des aspects très systématiques. Ne se pourrait-il pas que, tout comme la distribution des superficies des lacs mime celle des cuvettes de relief, le système fluvial mime les chemins que l'eau suit sur un terrain aussi accidenté que possible, juste après une averse ? Je crois qu'il en est effectivement ainsi, mais mon argument ne peut être développé ici. Cependant, la figure 123 esquisse le plus simple desdits écoulements.

Fig. 113 : VOL BROWNIEN FRACTIONNAIRE TRÈS PERSISTANT

Ce dessin constitue un exemple de courbe fractale, à homothétie statistique interne, dont la dimension est $D = 1/0,9 = 1,1 \ldots$. C'est dire que la formation de boucles – sans être interdite – a été très fortement découragée, en imposant à cette courbe d'être très persistante. Sur cette figure et les suivantes, les divers degrés de persistance sont beaucoup plus apparents qu'ils ne l'auraient été sur des graphiques montrant comment les coordonnées scalaires varient en fonction du temps. Si l'on songe à ces courbes comme résultant de la superposition de grandes, moyennes et petites convolutions, on pourra dire que, dans le cas présent, l'intensité des bouclettes est si faible, qu'elles sont comme emportées par les autres, et sont à peine visibles.

$D \sim 1,1$

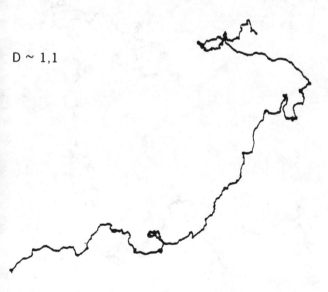

Fig. 114: VOL BROWNIEN FRACTIONNAIRE MOYENNEMENT PERSISTANT

Partant de la figure précédente, nous avons, sans changer la graine du simulateur pseudo-aléatoire, augmenté la dimension jusqu'à $D = 1/0,7 = 1,43 \ldots$. Autant dire que, sans changer aucune des diverses convolutions, nous avons augmenté l'importance relative des petites et (à un degré moindre) des moyennes. De ce fait, la formation des bouclettes ayant été beaucoup moins fortement découragée, elles sont devenues beaucoup plus apparentes. Cependant, la forme générale sous-jacente se reconnaît encore sans difficulté.

D ~ 1,43

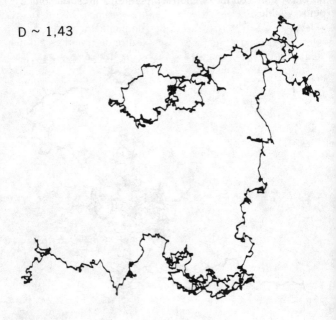

Fig. 115: VOL BROWNIEN FRACTIONNAIRE
À PEINE PERSISTANT (VOISIN D'UN VOL BROWNIEN)

Ici, toujours avec la même graine, la dimension a été portée à $D = 1/0,53$, donc à peine en deçà de 1,9 : on sent l'approche de la limite $D = 2$, dont nous savons qu'elle est relative au mouvement brownien usuel. A la limite $D = 2$, on obtiendrait un modèle mathématique du processus physique de la figure 49. Les différentes convolutions que l'on ajoute deviennent alors d'égale importance ("spectre blanc"), tout au moins en moyenne, car le détail change suivant l'échantillon considéré. Par exemple, la "dérive" de basse fréquence, qui dominait les figures lorsque D est très voisin de 1, est d'intensité très variable lorsque D est très voisin de 2. Avec la graine utilisée ici, la dérive est très près d'être invisible. Mais il en est différemment pour d'autres graines. Même pour D voisin de 1, certaines graines donnent une dérive plus forte que sur la figure 113, c'est-à-dire des courbes moins emberlificotées. Pour ces graines, la dérive continue de rester apparente quand D approche de 2.

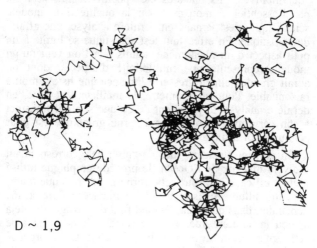

$D \sim 1,9$

Fig. 117 : VUES D'UN CONTINENT IMAGINAIRE

Je cherchais un modèle de la forme des côtes naturelles, et il était permis d'espérer qu'il représenterait, en même temps, le relief terrestre et aussi la distribution des superficies des projections des îles sur la sphère terrestre. Pour ce faire, j'ai proposé une famille de processus stochastiques engendrant des surfaces aléatoires, famille dépendant d'un paramètre, que l'on peut se fixer arbitrairement, et qui est justement une dimension fractale. Cette figure présente divers aspects d'un échantillon caractéristique, réalisé sur ordinateur, le paramètre ayant été choisi de façon que la dimension des côtes, ainsi que celle des coupes verticales, soit $D = 1,3$. Il s'ensuit que la dimension de la surface tout entière est 2,3, dont il résulte (fait qui n'est pas discuté dans le texte) que la superficie vraie de l'île est infinie, bien que sa superficie projective soit positive et finie.

Pour évaluer le degré de réalisme du modèle en question, j'ai effectué divers tests de statistique "quantitative". Ils ont tous été "positifs", mais ce n'est pas l'essentiel, à mon avis, car la qualité d'un modèle scientifique n'est jamais, en dernière analyse, une affaire de statistique. En effet, tout test statistique se limite à un petit aspect d'un phénomène, tandis que l'on veut qu'un modèle représente une multiplicité d'aspects, dont on aurait grande peine à dresser à l'avance une liste à moitié raisonnable. Pour un géomètre, le meilleur test reste, en dernière analyse, le jugement de ce que son œil transmet à son cerveau. L'ordinateur à sortie graphique est pour cela un outil insurpassable.

On voit ici plusieurs vues de "mon île", correspondant à divers niveaux de l'Océan (le procédé graphique utilisé n'étant efficace que sous cette forme). Je crois que toutes ont une allure réaliste, et je commence même à me demander, dans quel lieu, ou quel film de voyage, j'ai déjà aperçu la dernière vue, avec ce semis d'îlots au bout de cette fine péninsule ! Comble de chance, le procédé graphique choisi fait que l'Océan donne l'impression de miroiter à l'horizon.

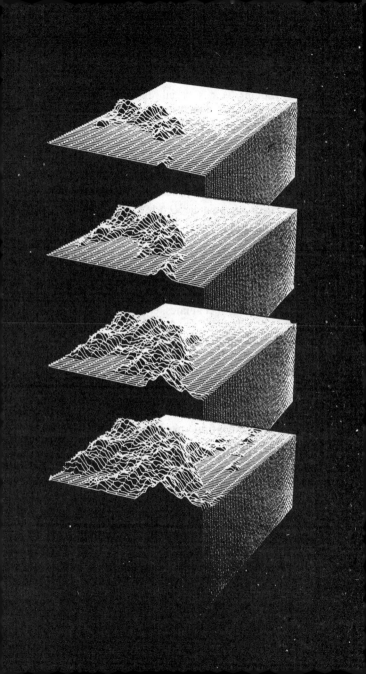

Fig. 119 : VUES D'AUTRES CONTINENTS IMAGINAIRES

Nous voulons voir si l'œil est aussi sensible que je l'affirme, à la dimension fractale D des côtes. Refaisons-donc le test visuel de la figure 117 avec des "îles" fractales de dimensions variées, mais toutes construites avec la même graine de générateur pseudo-aléatoire. Par rapport à l'île de la figure 117, on observe des différences considérables dans l'importance relative des grosses, moyennes et petites convolutions.

La valeur brownienne $D = 1,5$ est illustrée en haut à gauche.

Quand D est trop proche de 1, en haut à droite, les contours des îles sont trop réguliers, et le relief présente trop de grands pans inclinés. Quand D est trop proche de 2, en bas—pour deux niveaux différents de l'Océan, les contours des îles sont trop torturés, et le relief est trop plein de petits pics et abîmes, et trop plat dans l'ensemble. (Quand D tend vers 2, la côte tend à remplir tout le plan).

Cependant, même les îles qui correspondent à $D > 1,3$ et $D < 1,3$ nous font penser à quelque chose de réel. Il est donc clair que la dimension fractale du relief n'est pas la même partout sur la Terre. Mais elle paraît rarement tomber en deçà de 1,1 ou au-delà de la valeur brownienne 1,5.

Tout cela se confirme par les figures 120-121.

P.-S. La valeur $D = 1,3$ de la figure 117 à 121, fut choisie à travers des images qui manquaient de détail – à cause de l'imperfection des moyens graphiques disponibles en 1974. Depuis, l'amélioration des outils a conduit à diminuer la valeur de D que l'œil préfère. C'est fort heureux, car la figure 33 suggérait des valeurs plus petites que 1,3.

P.-S. 1989. Dans Peitgen & Saupe 1988, Voss et Saupe décrivent et comparent diverses méthodes de synthèse graphique de paysages fractals.

Fig. 120-121 : CÔTES IMAGINAIRES

Les indications des reliefs précédents se confirment en regardant ces cartes de côtes (tracées par un autre programme d'ordinateur). Quand D tend vers 2, la côte tend à remplir tout le plan, à la manière de la courbe de Peano. Quand D tend vers 1, la côte devient trop régulière pour être utile en géographie. Par contre, pour D voisin de 1,3, il est difficile d'examiner ces courbes artificielles sans y apercevoir un écho des atlas. Vue à l'endroit, l'île supérieure rappelle le Groenland. Après un quart de tour (plaçant les numéros des pages à droite), l'île de gauche rappelle l'Afrique. Après un demi-tour, le tout rappelle la Nouvelle-Zélande, y compris une petite île Bounty. De telles manipulations marchent pour toute autre graine de générateur, tant que D est voisin de 1,3. Si D monte à 1,5, le jeu devient moins aisé. Lorsque D augmente encore, le jeu devient difficile, puis impossible.

D = 1,1   D = 1,3

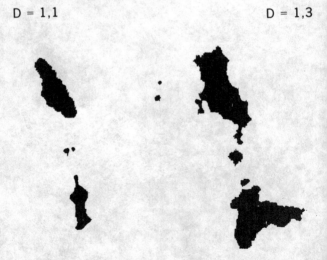

D = 1,5

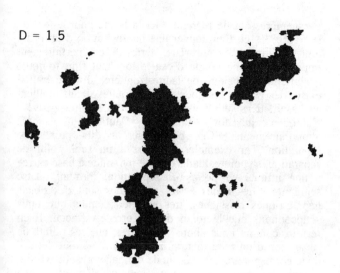

D = 1,9

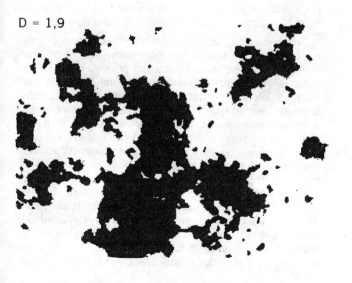

Fig. 123 : RÉSEAU DE DRAINAGE FLUVIAL PRESQUE PARTOUT SÉPARÉ. UNE COURBE DE PEANO

Il est intéressant de reprendre ici la limite pour $\epsilon \to 0$ de la figure 39, et d'en donner une interprétation d'un ordre tout différent. Si un relief terrestre est parfaitement imperméable, une goutte d'eau le touchant finit toujours par atteindre un point de ladite frontière. En général, il existe des points tels que, si deux gouttes d'eau tombent au hasard dans leur voisinage, leurs trajectoires peuvent s'éloigner aussitôt l'une de l'autre, du moins temporairement. Ces points seront dits points de séparation. Par exemple, un cône a un seul point de séparation, sa pointe, tandis qu'une pyramide à base carrée a une infinité de points de séparation, formant quatre segments. Les cônes et les pyramides sont des objets géométriques classiques, très réguliers, tandis que nous soupçonnons que le relief de la Terre est fractal. Il en résulte, comme nous allons le montrer, que les points de séparation d'un relief naturel peuvent être partout denses, donc correspondre à un réseau de drainage presque partout séparé, lui aussi. Son objet étant de démontrer une possibilité, et non pas tenter de décrire le relief lui-même, notre illustration se permet d'être schématique.

Le bassin sera l'intérieur d'un carré, aux coins orientés sur les points cardinaux. Les diagonales forment un cours d'eau cruciforme, dont la branche principale aboutit au point *SO,* en partant de tout près du point *NE*, et dont les branches latérales partent de tout près des points *SE* et *NO* et aboutissent au centre. Chacune des trois branches et le tronc drainent un quart du bassin. Dans une deuxième étape, on remplace chaque branche par une croix. À ce stade, le réseau contient 16 sections de cours d'eau, dont chacune a une longueur égale à 1/4 de la diagonale du bassin, et draine 1/16 de l'aire du bassin. Les sources des huit sous-branches coïncident deux à deux (il faut les exclure du réseau, car autrement il contiendrait des points doubles). La construction ci-dessus ayant été continuée indéfiniment, la longueur totale du rivage de toutes les branches aura augmenté sans fin. Le nombre total des sources – qui sont des points doubles (exclus du réseau)

– aura, lui aussi, augmenté à l'infini, et notre réseau se sera rapproché aussi près que l'on veut de tout point du bassin. Si la construction s'arrête après un nombre fini d'étapes, les tributaires peuvent être classés par ordre croissant, et on constate que leur tendance au branchement satisfait à une règle connue des spécialistes, due à Horton.

P.-S. Les rivages du fleuve et de ses affluents se joignent en une courbe qui réunit deux points situés en face l'un de l'autre sur l'embouchure du fleuve. C'est une courbe de Péano distincte de la courbe de la figure 41. Inversement, j'ai fait constater que toute courbe de Peano peut être interprétée comme le rivage cumulé d'un fleuve.

Un monstre conçu en 1890 fut dompté en 1975!

D = 2

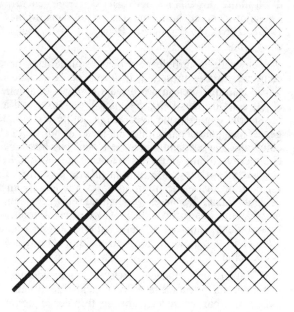

CHAPITRE VIII

La géométrie de la turbulence

Reportons maintenant notre attention sur un autre grand problème classique, vaste et mal exploré, dont nous allons aborder exclusivement des aspects faisant intervenir des objets fractals et la notion de dimension. Même de ce point de vue, le développement n'aura pas l'ampleur que mérite son importance pratique et conceptuelle. Nous nous limiterons à quelques questions qui ont le mérite d'introduire des thèmes nouveaux d'intérêt général. P.-S. Le sujet concret lui-même est traité dans Mandelbrot 1967b, 1967k, 1972j, 1974d, 1974f, 1975f, 1976c, 1976o, et 1977b.

L'étude de la turbulence a bien sa place dans un essai consacré jusqu'à présent à la forme de la surface de la Terre, à la distribution des erreurs étranges et à celle des objets célestes. Dès 1950, déjà, von Weizsäcker et d'autres physiciens avaient joué avec la possibilité d'expliquer la genèse des galaxies par un phénomène turbulent à échelle colossale. Cependant, l'idée ne s'était pas implantée. Si elle mérite qu'on y repense sérieusement, c'est que l'étude des galaxies a progressé, que la théorie de la turbulence est en train de se métamorphoser, et que je suis en train de leur donner les bases géométriques fractales qui leur manquaient. Les travaux de 1950, en effet, se référaient à la turbulence homogène, telle qu'elle fut décrite entre 1940 et 1948 par Kolmogorov, Oboukhov, Onsager et von Weizsäcker.

Il fallait une audace extrême pour vouloir ainsi expliquer un phénomène extrêmement intermittent – les galaxies – par un mécanisme de turbulence homogène.

Ce qui a changé depuis lors, c'est qu'il est désormais universellement accepté que la turbulence homogène est un mythe, une approximation dont l'utilité est plus réduite qu'on n'avait d'abord espéré. On reconnaît aujourd'hui qu'une des caractéristiques de la turbulence réside dans son caractère "intermittent". Non seulement, comme tout le monde le sait, le vent vient toujours en rafales, mais il en est de même de la dissipation aux autres échelles. Donc, j'ai repris l'effort unificateur de von Weizsäcker, en cherchant un lien entre deux intermittences. L'outil que je propose, ce sont, bien entendu, les fractales.

Leur utilisation pour aborder la géométrie de la turbulence est inédite, mais historiquement naturelle, étant donné les liens entre les notions de fractale et d'homothétie interne. En effet, une variante un peu vague d'homothétie avait précisément été conçue en vue d'une théorie de la turbulence, par nul autre que notre Lewis Fry Richardson. Et une forme analytique d'homothétie a rencontré ses premiers triomphes dans son application à la turbulence, aux mains de Kolmogorov, Oboukhov et Onsager. Comme tout écoulement visqueux, l'écoulement turbulent dans un fluide est caractérisé par une mesure intrinsèque d'échelle, le nombre de Reynolds, et les problèmes d'intermittence sont particulièrement aigus quand ledit nombre est très grand, comme c'est surtout le cas dans l'océan et dans l'atmosphère.

Toutefois, le problème de la structure géométrique du support de la turbulence ne s'est posé que très récemment. En effet, l'image que l'on se fait de ce phénomène reste en général "gelée" à peu près dans les termes dans lesquels il était toujours connu des peintres, et fut dégagé, il y a cent ans environ, par Boussinesq et Reynolds. Le modèle restait l'écoulement dans un tuyau: quand la pression en amont est suffisamment faible, tout est régulier et "laminaire"; quand la pression est suffisamment grande, tout devient, très vite, irrégulier et turbulent. Dans ce cas prototype, donc, le support de la turbulence est, soit "vide", au sens d'inexistant, soit "plein", remplissant le tuyau tout entier, et ni dans l'un ni dans l'autre cas il n'y a de raison de s'y attarder.

Dans un deuxième cas, par exemple celui du sillage derrière un bateau, les choses se compliquent: entre le sillage, qui est turbulent, et la mer ambiante, qu'on admet laminaire, il y a une frontière. Mais, bien que très irrégulière, cette frontière est si claire, qu'il ne paraissait encore, ni raisonnable de l'étudier indépendamment, ni vraiment nécessaire d'essayer de définir la turbulence par un critère "objectif".

Dans un troisième cas, celui de la turbulence pleinement développée en soufflerie, les choses sont encore plus simples, toute la soufflerie paraissant turbulente – concept toujours aussi mal défini. Toutefois, la manière dont on y arrive est (s'il faut croire certaines légendes tenaces) quelque peu curieuse. On raconte (j'espère qu'il s'agit entièrement de médisance) que quand une soufflerie est livrée pas son constructeur, elle n'est pas adaptée à l'étude de la turbulence: loin de remplir tout le volume qu'on lui offre, la turbulence elle-même paraît "turbulente", se présentant par bouffées irrégulières. Seuls des efforts de réaménagement graduel arrivent à tout stabiliser, à l'instar du tuyau de Boussinesq-Reynolds.

De ce fait, et sans mettre en question l'importance pratique des souffleries, je suis de ceux qui s'inquiètent. La "turbulence" observée au laboratoire est-elle typique de la "turbulence" observée dans la nature, et le phénomène "turbulence" est-il unique? Pour savoir répondre, il faut d'abord définir les termes, corvée que chacun paraît vouloir éviter.

Je propose qu'on aborde cette définition indirectement, en inversant le processus habituel. Partant d'un concept mal spécifié de ce qui est turbulent, je vais d'abord tenter d'établir que la turbulence naturelle bien développée, ou sa dissipation, sont "concentrées sur", ou "supportées par", des ensembles spatiaux dont la dimension est une fraction, de l'ordre de grandeur de $D = 2,5$. Ensuite, je m'aventurerai à proposer qu'on définisse comme turbulent tout écoulement dont le support a une dimension comprise entre 2 et 3.

COMMENT DISTINGUER ENTRE LE TURBULENT ET LE LAMINAIRE DANS L'ATMOSPHÈRE?

Les écoulements dans les fluides sont des phénomènes multidimensionnels, les trois composantes de la vitesse étant des fonctions des trois coordonnées de l'espace et du temps, mais l'étude empirique doit, jusqu'à présent, passer à travers une ou plusieurs "coupes" à une dimension, dont chacune constitue la chronique d'une des coordonnées de vitesse, en un point fixe. Pour nous faire une idée intuitive de la structure de la coupe à travers une masse atmosphérique se déplaçant devant l'instrument, inversons les rôles et prenons comme "instrument" un avion. Un niveau très grossier d'analyse est illustré par un très gros avion. Certains coins de l'atmosphère semblent de toute évidence être turbulents, l'avion étant secoué. Par contraste, le reste paraît laminaire. Mais refaisons le test avec un avion plus petit: d'une part, il "sent" des bouffées turbulentes là où le gros ne l'avait pas fait, et d'autre part, il décompose chaque secousse du gros en une rafale de secousses plus faibles. Donc, si un morceau turbulent de la coupe est examiné en détail, il révèle des insertions laminaires, et ainsi de suite lorsque l'analyse s'affine, jusqu'au moment où la viscosité interrompt la cascade.

Parlant de la configuration spatiale, von Neumann 1949 note que la turbulence se concentre sans doute "dans un nombre asymptotiquement croissant de chocs affaiblis". Sur nos coupes unidimensionnelles, chaque choc apparaîtra comme un point. Les distances entre les chocs sont limitées par une échelle interne non nulle η, dépendant de la viscosité, mais il est bon, afin d'aider la conceptualisation, d'imaginer que $\eta = 0$. A cela, je propose d'ajouter l'idée nouvelle que ces chocs sont feuilletés à l'infini. On voit ainsi percer, dans nos coupes unidimensionnelles, le type de structure cantorienne qui nous est familier depuis le chapitre IV sur les erreurs étranges. La différence réside en ceci: dans les intervalles entre erreurs, il n'y avait rien, tandis que dans les intermissions laminaires, l'écoulement du fluide ne s'arrête pas, mais devient simplement beaucoup plus régulier qu'ailleurs. Mais il est évident que même cette différence disparaîtrait, si on regardait, non pas seulement les erreurs, mais le bruit physique qui les cause. Ceci suggère qu'un modèle de la turbulence ou du bruit soit construit en deux approximations. La première supposera que l'écoulement laminaire est si régulier qu'il en est uniforme, donc négligeable, nous ramenant ainsi au schéma cantorien de dimension plus petite que 3. La deuxième approximation admettra que tout cube de l'espace contient au moins un peu de turbulence. Dans ces conditions, si on néglige la turbulence là où son intensité est très faible, on espère retrouver, à peu de chose près, la première approximation. Mais remettons donc au chapitre IX l'étude de cette deuxième approximation, pour nous occuper ici de la première.

Il paraît raisonnable d'exiger de l'ensemble de turbulence que ses intersections par une droite quelconque aient la structure cantorienne que possédait l'ensemble dégagé pour représenter les erreurs étranges. Il nous faut donc concevoir des ensembles ayant de telles intersections.

LA CASCADE DE NOVIKOV-STEWART

L'étude de l'intermittence de la turbulence a été stimulée par Kolmogorov 1962 et Oboukhov 1962, mais le premier modèle explicite fut celui de Novikov & Stewart 1964. Il retrouve, indépendamment, le principe des cascades de Fournier et de Hoyle et retrouve donc – sans le savoir – le chemin tracé par Cantor. S'ils l'avaient su, nos auteurs auraient peut-être été épouvantés ! Je l'ai reconnu, ce qui m'a conduit à des développements très prometteurs.

L'idée est que le support de la turbulence est engendré par une cascade, dont chaque étape part d'un tourbillon, et aboutit à N sous-tourbillons de taille r fois plus petite, au sein desquels la dissipation se concentre.

Bien entendu, nous aurons $D = \log N / \log(1/r)$

Cette dimension D peut être estimée empiriquement, mais jusqu'à ce jour personne n'a sérieusement affirmé l'avoir déduite de considérations physiques fondamentales.

Dans le cas de l'astronomie, tout au contraire, Fournier et Hoyle nous ont fourni des raisons de s'attendre à $D = 1$. On sait (p. 89-90) que ceci contredit la valeur empirique, qui est $D = 1,23$, mais il semble que même une théorie fausse peut être psychologiquement rassurante.

Deuxième nouveauté: en astronomie, $D < 2$, mais en turbulence N doit être supposé beaucoup plus grand que $1/r$, et la dimension est d'environ 2,5. En fait, un des triomphes des visions fractales de l'univers et de la turbulence aura été de démontrer la nécessité de $D < 2$ dans le premier cas, et de $D > 2$ dans le second à partir du même fait géométrique. En effet, afin d'éviter le Ciel en Feu, il fallait au chapitre VI que le regard orienté au hasard évite presque sûrement toute source de lumière, ce qui exige $D < 2$. Par contre, afin de rendre compte du fait que la turbulence est très répandue, il faut ici qu'une coupe faite au hasard ait une probabilité non nulle d'intersecter le support de la turbulence, ce qui exige $D > 2$.

COMPORTEMENT DE LA DIMENSION FRACTALE PAR INTERSECTION. CONSTRUCTIONS DE CANTOR DANS PLUSIEURS DIMENSIONS

La cascade de Novikov-Stewart est importante, mais il reste bon de faire un pas en arrière, comme nous l'avons déjà fait plusieurs fois, et d'étudier en détail certaines constructions non aléatoires, dont la régularité est excessive et au sein desquelles un certain point central joue un rôle trop spécial. La généralisation de la construction de Cantor peut se faire de plusieurs manières, menant à des résultats très différents. Un exemple est donné par l'éponge fractale de Sierpinski-Menger illustrée par la figure 134. Dans un deuxième exemple, le tréma qu'on commence par rogner est le 27e central, défini comme le petit cube de même centre et de côté 1/3. Puis on procède de même avec chacun des 26 petits cubes qui restent, puis avec les sous-cubes qui restent, etc. Ce qui reste, si l'on continue à l'infini, est une sorte de morceau d'Emmenthal évanescent. La forme de ses tranches peut s'imaginer en partant de celles qui ont été entrevues quand nous décrivions l'ensemble qui reste en dehors des cratères de la Lune, mais en faisant revoir le tout par un peintre cubiste. L'objet est de volume égal à zéro, et aux trous carrés de toute taille séparés par des cloisons infiniment feuilletées. On s'assure facilement qu'il est à homothétie interne, et que sa dimension est égale à log 26/ log 3. Nous pouvons à présent généraliser: au lieu du vingt-septième central, enlevons à chaque fois un cube central de côté $1 - 2r$. La dimension devient

$$\frac{3 + \log[1 - (1 - 2r)^3]}{\log(1/r)} .$$

sa valeur dépasse toujours 2, mais d'autant moins que $1/r$ est plus grand. L'inégalité $D - 2 > 0$ est conforme à l'intuition que nos "pâtisseries" fractales doivent être nécessairement "plus grosses" que toute surface ordinaire de dimension 2.

Dans une troisième méthode et le cas triadique, les trémas sont plus gros. Le premier tréma laisse, aux coins du cube initial, 8 petits cubes de côté 1/3, la construction se poursuivant de la façon naturelle. On reste donc avec une poussière de points non connectés. Cependant la dimension est égale à log 8/ log 3, ce qui est plus petit que deux, mais plus grand que un. Du point de vue géométrique, l'ensemble ainsi obtenu est simplement le produit de trois poussières de Cantor triadiques unidimensionnelles (tout comme le carré est le produit de ses deux côtés). Changeons maintenant de méthode, les 8 petits cubes laissés à chaque étape ayant un côté r arbitraire, sauf que r doit être plus petit que 1/2. À la fin, on a toujours une poussière de points, dont la dimension est égale à log 8/ log $(1/r)$, quantité elle-même arbitraire, sauf qu'elle est plus petite que 3. Par ailleurs, bien que cet ensemble soit "moins connecté" qu'une ligne, il peut très bien avoir une dimension plus grande que 1. Ce résultat, qui aurait pu paraître étrange, confirme simplement ce que nous savons déjà depuis l'étude des objets célestes (construction de Fournier-Charlier), à savoir qu'il n'y a aucun lien nécessaire entre connexité et dimension fractionnaire. Notons toutefois, que, pour obtenir une poussière dont la dimension est plus grande que 1, nous avons recouru à des trémas dont la forme est extrêmement spéciale. En l'absence de telle contrainte géométrique, par exemple dans le cas de constructions régies par le hasard, il est permis d'espérer qu'on va entrevoir des relations entre la dimension et la connexion. Le problème reste à étudier.

Rappelons pour mémoire que l'univers de Fournier-Charlier peut, lui aussi, être considéré comme une variante spatiale de la construction de Cantor.

ENSEMBLES SPATIAUX STATISTIQUES À LA MANIÈRE DE CANTOR

La première motivation pour introduire des formes statistiques de la poussière de Cantor est, comme aux chapitres précédents, liée à la recherche d'un modèle plus irrégulier, dans l'espoir que ses propriétés seront plus réalistes. Une nouvelle motivation est due au désir de repenser la liaison entre dimension et connexité, dont la section précédente vient de discuter un aspect. Sans plus d'intermédiaires, considérons des trémas complètement aléatoires à trois dimensions, généralisant ainsi la méthode que nous avons déjà rencontrée à propos des erreurs bizarres et des cratères circulaires de la Lune. Le plus naturel est de choisir pour trémas des boules ouvertes, à savoir des intérieurs de sphère, l'espérance du nombre de trémas de volume supérieur à u étant égale à $K(3-D)/u^3$. L'écriture $K(3-D)$ choisie pour la constante que divise u^3 fait que le critère recherché dépend de D: lorsque la constante dépasse $3K$, l'ensemble restant est presque sûrement vide (et D, qui est négatif, n'a pas la signification d'une dimension), tandis que pour $D > 0$, l'ensemble restant a une probabilité non nulle d'être non vide, et dans ce cas, possède une forme d'homothétie interne de dimension D. En particulier, le volume de l'ensemble restant est toujours nul. Plus précisément, il est presque sûr qu'une sphère de rayon R, dont le centre aura été choisi au hasard, n'aura pas d'intersection avec l'ensemble restant. Par conséquent, il est nécessaire de prendre des précautions pour éviter cette dégénérescence (n'oublions pas la forme conditionnelle du principe cosmographique!). Nous savons qu'une bonne manière de s'y prendre est d'étudier la géométrie de cet ensemble à partir d'une origine qui en fait elle-même partie.

Voici ce qu'on trouve: lorsque D est proche de 3, les trémas laissent non recouvert un ensemble fait de "voiles infiniment feuilletés". Leurs intersections par des plans ou des surfaces de sphères ont la forme des filaments infiniment fourchus rencontrés sur la Lune, nos "tranches d'Emmenthal". Leurs intersections par des droites, ou (à des détails près) par des cercles, sont des "rafales d'erreurs bizarres". Pour des D plus petits, on a affaire à des "fils infiniment branchus", mais cette fois dans l'espace plutôt que dans le plan. Donc, leurs intersections par des plans ou des sphères sont des poussières de points et les intersections par des droites ou des cercles sont presque sûrement vides. Lorsque D est petit, tout ce qui reste de l'espace est de la poussière. Ses intersections avec les plans et droites sont presque sûrement vides.

P.-S. 1989. *Trémas spatiaux et nouveaux modèles de la distribution des galaxies. La notion de "lacunarité fractale"*. La discussion des figures 100 et 101 note que mon premier modèle de la distribution des galaxies engendre des grands vides et des traînées, et note également que cette apparence serait très souhaitable, mais seulement à condition que l'intensité de ces traits puisse être atténuée. Pour ce faire, je n'ai d'abord eu qu'à faire appel aux poussières décrites dans l'alinéa précédent. Ensuite, en choisissant des trémas dont la forme n'est pas sphérique, j'ai identifié une nouvelle caractéristique des fractales, que j'ai appelée "lacunarité", et qui est désormais essentielle dans les sciences – par exemple en physique. Voyez les chapitres 34 et 35 de *Fractal Geometry of Nature,* et le P.S. 1995 à la p. 151 de ce livre.

Toutefois, il reste vrai qu'il peut y avoir de fractale sans grands vides. De ce fait, tous ceux qui croient aux fractales se réjouissent de deux découvertes récentes. On a trouvé, vers la fin de 1982, qu'il existe des vides intergalactiques de taille "absolument imprévue", et on a trouvé en 1986 que les galaxies se placent le long de "filaments fourchus".

LES SINGULARITÉS DES ÉQUATIONS DE NAVIER-STOKES SONT-ELLES FRACTALES? CE FAIT VA-T-IL, ENFIN, PERMETTRE DE LES RÉSOUDRE?

Aucun lien logique n'a encore pu être établi entre la théorie de la turbulence homogène de Kolmogorov, et les équations de Navier-Stokes, dont on croit fort qu'elles régissent l'écoulement des fluides, même s'il est turbulent. C'est, sans doute, ce qui explique que – parmi les hydrodynamiciens – la validation des prévisions de Kolmogorov ait été source de malaise, plutôt que de jubilation. On aurait pu craindre que l'introduction de ma notion d'homogénéité fractale n'accentue ce divorce, mais j'espère fermement que c'est le contraire qui va se produire. Voici mes raisons: on sait que, très souvent, la physique mathématique réussit à débroussailler un problème en remplaçant ses solutions par le squelette que forment leurs singularités. Mais tel n'a pas été le cas pour les solutions turbulentes des équations de Navier-Stokes, même après Kolmogorov, et c'est cela, à mon avis, qui en a le plus retardé l'étude. Je pense que – grâce à des caractéristiques spécifiques des objets fractals, qu'il n'est pas possible de décrire ici – cette lacune quant à la nature desdites singularités est désormais tout près d'être comblée.

P.-S. 1989. J'ai précisé ces idées dans Mandelbrot 1976c, en émettant les conjectures que les singularités des équations de Navier-Stokes et d'Euler sont des fractales. Ces conjectures paraissent être en bonne voie de se confirmer, au delà même de ce qui est dit au chapitre 11 de *Fractal Geometry of Nature*.

Fig. 134: UN FROMAGE DANS L'ESPACE À TROIS DIMENSIONS: L'ÉPONGE DE SIERPINSKI-MENGER

Le principe de la construction est évident. Si on la continue sans fin, on obtient un objet géométrique, dit éponge de Sierpinski-Menger, dont chaque face extérieure, dite tapis de Sierpinski, est une figure telle que son aire est nulle, tandis que le périmètre total de ses trous est infini. Notons que les intersections de la limite, avec les médianes ou les diagonales du cube initial, sont toutes des ensembles triadiques de Cantor. (Figure reproduite, avec autorisation, de Blumenthal & Menger 1970.)

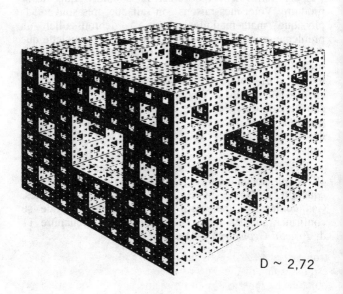

D ~ 2,72

CHAPITRE IX

Intermittence relative

Ce chapitre porte en titre un concept fractal plutôt qu'un domaine d'application. Revenons, en effet, à une approximation faite dans plusieurs applications. En discutant des erreurs en rafales, nous refoulions notre certitude qu'entre les erreurs, le bruit sous-jacent faiblit, mais sans cesser. En discutant des distributions stellaires, nous refoulions notre connaissance de l'existence d'une matière interstellaire, qui risque elle aussi d'être distribuée très irrégulièrement. Et en discutant des feuilles de turbulence, nous tombions à notre tour dans le panneau, et admettions une image du laminaire où il ne se passe rien.

Nous aurions également pu, sans introduire d'idée essentiellement nouvelle, examiner la distribution des minéraux : entre les régions où la concentration du cuivre ou de l'or est si forte qu'elle justifie l'exploitation minière, la teneur de ce métal devient faible, mais nulle région n'en est absolument dépourvue.

Tous ces vides, il faut les remplir, en tâchant de ne pas trop affecter les images déjà établies. Je vais maintenant esquisser une manière de s'y prendre, qui convient lorsque objet et intermissions sont de même nature et ne diffèrent que de degré. Pour ce faire, je me laisserai, une fois de plus, inspirer par de vieilles mathématiques pures réputées "inapplicables". Ce chapitre sera relativement technique et sec.

DÉFINITIONS DES DEUX DEGRÉS D'INTERMITTENCE

Pour les besoins du contraste, il nous faut dire des phénomènes que nous avons considérés jusqu'à présent, qu'ils sont "absolument intermittents". L'épithète est motivée par le fait que, dans les intermittences, il ne se passe *absolument* rien: ni énergie de bruit, ni matière, ni dissipation turbulente. De plus, tout ce qui "se passe" dans un intervalle, un carré et un cube se concentre *entièrement* dans une petite portion, elle-même contenue dans un sous-ensemble que nous dirons être "simple" – à savoir un ensemble formé d'un nombre fini de sous-intervalles, sous-carrés ou sous-cubes, dont la longueur, l'aire ou le volume total sont arbitrairement voisins de zéro. Allant plus loin encore, l'intermittence sera dite "dégénérée", si tout se passe en un seul point. Par contraste, l'intermittence sera dite "relative", s'il n'existe aucun ensemble simple dans lequel il ne se passe *rien,* tandis qu'existe un ensemble simple contenant *presque tout* ce qui se passe.

MESURE FRACTALE MULTINOMIALE

Restons dans le contexte triadique original de Cantor, où l'on divise [0, 1] en tiers, ceux-ci encore en tiers et ainsi de suite, et partons d'une masse distribuée sur [0, 1] avec la densité uniforme égale à 1. Effacer le tiers central divise cette masse en parties égales à 1/2, à 0 et à 1/2, réparties avec les densités 3/2, 0 et 3/2.

Ceci est aisément généralisé en supposant que chaque étape divise la masse initiale en parties égales, respectivement, à p_1, p_2, et p_3, et réparties avec les densités $3p_1$, $3p_2$ et $3p_3$, avec, bien entendu, $0 \leq p_m < 1$ et $p_1 + p_2 + p_3 = 1$. Quand on aura répété la procédure à l'infini, on dira que la masse forme une mesure multinomiale. Que peut-on en dire?

Il est clair, pour commencer, qu'aucun intervalle ouvert ne constitue une intermission absolue. En effet, une telle intermission devrait inclure au moins un intervalle de longueur 3^{-k}, dont les extrémités sont des multiples de 3^{-k}. Or nous savons que tout intervalle de cette forme contient une masse non nulle. Cependant, lorsque k est grand, ladite masse devient extrêmement petite, car Besicovitch et Eggleston ont démontré (nous simplifions leur résultat!) que presque toute la masse se concentre sur 3^{kD} intervalles de longueur 3^{-k}, avec

$$D = - \sum p_m \log_3 p_m < 1.$$

Lorsque k augmente, le pourcentage d'intervalles non vides tend vers zéro, tandis que la longueur totale de ces intervalles reste environ égale à $3^{k(D-1)}$, donc tend elle aussi vers zéro.

Lorsque $p_1 \to 1/2$, $p_2 \to 0$, $p_3 \to 1/2$, la mesure multinomiale tend vers une mesure uniforme sur la poussière de Cantor. On vérifie que D tend vers la dimension log 2/ log 3 de ce dernier ensemble.

Si, au lieu de tiers, on divise [0, 1] en dixièmes, on obtient l'ensemble des nombres réels entre 0 et 1 pour lesquels les divers chiffres ont les probabilités p_m. Notons que, formellement, D est une "entropie" au sens de la thermodynamique, ou encore une "information" au sens de Shannon (voir Billingsley 1965). Plus important, D est une dimension de Hausdorff-Besicovitch. Toutefois, l'ensemble de Besicovitch est ouvert, tandis que tous les ensembles étudiés plus haut étaient fermés (la distinction est liée au contraste entre intermittences absolue et relative).

En généralisant la notion de dimension à des ensembles ouverts, on perd beaucoup de ses propriétés, y compris certaines propriétés d'intérêt pratique direct, auxquelles nous commencions à être habitués! Par exemple, l'exposant d'homothétie attaché à l'ensemble de Besicovitch-Eggleston n'est pas D, mais 1. Toutefois, l'ensemble des 3^{kD} segments au sein desquels la masse se concentre est bel et bien homothétique d'exposant D.

Maintenant, examinons le problème du conditionnement après que la construction de Besicovitch a été poursuivie sur un nombre d'étapes K, fini mais très grand. Pour cela, choisissons au hasard un "intervalle-test" de longueur 3^{-k}, où k est plus petit que K; dans presque tous les cas, cet intervalle tombera en dehors de l'ensemble où presque toute la masse est concentrée. Par rapport à la densité moyenne sur [0, 1], dont nous savons qu'elle égale 1, la densité sur presque tout intervalle-test sera négligeable. Sa distribution sera indépendante de l'intervalle, parce que dégénérée. Mais divisons donc la densité sur l'intervalle-test par sa propre moyenne. Nous trouverons que la distribution de probabilité de ce rapport sera encore la même partout, et que de plus, elle sera non dégénérée. Tout ceci est illustré par la figure 139.

GÉNÉRALISATIONS ALÉATOIRES DE LA MESURE MULTINOMIALE

Aussi suggestive que soit la construction du paragraphe précédent, il faut encore et toujours la randoniser. Plusieurs méthodes pour ce faire m'ont été suggérées par des travaux de Kolmogorov, Oboukhov et Yaglom, qui restent historiquement importants, bien qu'ils soient, strictement parlant, incorrects. Pour esquisser ces méthodes, travaillons en deux dimensions et en division triadique. Chaque niveau part d'une cellule formée de neuf sous-cellules, avec une densité initiale uniforme. Puis les densités correspondant aux 9 sous-cellules sont multipliées par des facteurs aléatoires, suivant tous la même distribution. La construction varie suivant le degré d'aléatoire qu'on désire. Le minimum consiste à se fixer les valeurs de ces facteurs, seule leur distribution entre cellules restant soumise au hasard. Mandelbrot 1974d, choisit les facteurs multiplicateurs au hasard et indépendamment les uns des autres.

Mandelbrot 1972j va plus loin. C'est le processus lui-même qui engendre la cascade.

P.-S. 1989. Les mesures fractales introduites dans Mandelbrot 1972j, 1974d,f sont en train de devenir très importantes dans de nombreux domaines. Le terme qui les dénote, "mesures multifractales," a été suggéré dans Frisch & Parisi 1985.

Fig. 139 : ESCALIERS DIABOLIQUES DE BESICOVITCH

Sous un escalier du diable (voir figure 63), cette figure empile trois escaliers de Besicovitch, dont la construction est décrite p. 136; ici, $p_1 = p_3$. Leur trait le plus frappant, par rapport à l'escalier du diable, s'observe si l'on divise l'abscisse en un grand nombre de petits segments. Aucun ne correspond à une marche horizontale. Toutefois, une très grande proportion du déplacement vertical total s'opère sur un très petit déplacement horizontal, dont la dimension fractale est plus petite que 1 et augmente quand on s'éloigne de l'escalier de Cantor.

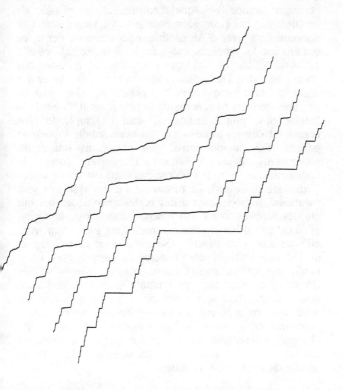

CHAPITRE X

Savons, et les exposants critiques comme dimensions

Nous allons maintenant esquisser le rôle que la dimension fractale joue dans la description d'une catégorie de "cristaux liquides", lesquels constituent un modèle de certains savons. Leur géométrie est très vieille, car elle remonte à un Grec d'Alexandrie, Apollonios de Perge, ce qui fait que les problèmes sont faciles à énoncer. Mais elle est actuelle, car le problème mathématique qu'elle pose reste ouvert. De plus, elle nous fait entrevoir d'intéressantes perspectives très générales, relatives à un des domaines les plus actifs de la physique. Il s'agit de la théorie des "points critiques", dont l'exemple le plus connu est celui où coexistent les états solide, liquide et gazeux d'un même corps. Les physiciens ont établi récemment qu'au voisinage d'un tel point, le comportement de tout système physique est régi par des "exposants critiques". La raison est que ces systèmes sont "scalants": ils obéissent à des règles analytiques qui ont été développées tout à fait indépendamment de la notion géométrique d'homothétie interne, mais présentent avec elle des analogies étroites. (Serait-ce là un nouvel aspect du fait que la variété des phénomènes naturels est infinie, tandis que les techniques mathématiques susceptibles de les dompter sont bien peu nombreuses?) Combinant solutions analytiques, mesures empiriques et solutions sur ordinateur, on a obtenu les valeurs numériques de maints exposants critiques, mais leur nature conceptuelle reste obscure. L'exemple du savon interprète un exposant comme dimension fractale, ce qui suggère qu'il pourrait en être de même pour d'autres.

PRÉLIMINAIRE: BOURRAGE DES TRIANGLES

A titre de préliminaire, commençons par une construction tout à fait dans l'esprit de celles rencontrées plus haut dans le texte. Partant d'un triangle équilatéral fermé (frontière comprise), dont la pointe est en haut, et dont la base est horizontale et de longueur 1, on essaie de le recouvrir "au mieux" au moyen de triangles équilatéraux ouverts inversés, dont les bases sont horizontales mais qui pointent vers le bas. Il s'avère que la couverture optimale consiste à remplir le quart central du triangle initial par un triangle de côté 0,5 et à procéder pareillement avec les quarts restants. L'ensemble des points qui ne seront jamais couverts est dû à Sierpinski, et je l'appelle *tamis*. Il est clair qu'il est à homothétie interne avec la dimension d'homothétie $D = \log_2 3$.

UN MODÈLE DU SAVON BASÉ SUR LE BOURRAGE APOLLONIEN DES CERCLES

Un des modèles actuellement admis du savon – en termes plus précis et plus savants, une "phase smectique A" – a la structure suivante: il se décompose en couches pouvant glisser l'une sur l'autre, dont chacune constitue un liquide à deux dimensions, et qui sont pliées à l'intérieur de cônes très pointus, qui ont tous le même sommet et sont tous approximativement perpendiculaires à un plan. Il en résulte que leurs cercles ont un rayon supérieur à un certain minimum lié à l'épaisseur des couches liquides. Partons d'un volume simple qui n'est pas lui-même un cône, par exemple d'une pyramide à base carrée, essayons de le "bourrer" de cônes. Toute configuration correspond à une répartition des disques qui constituent les bases des cônes, sur le carré qui constitue la base de la pyramide. L'on peut montrer que la solution correspondant à l'équilibre se décrit comme suit: on place dans le carré un cercle de rayon maximal. Puis dans chacun des quatre morceaux restants, on place encore un cercle de rayon maximal – comme sur la figure 143 – et ainsi de suite. S'il avait été possible d'opérer ainsi sans fin, on effectuerait ce que les géomètres appellent le bourrage ("packing") apollonien. Si, de plus, l'on postule que les disques en question sont ouverts – n'incluant pas les cercles qui en forment les frontières – le bourrage laisse un certain reste de surface nulle, le "tamis apollonien".

Notre construction ressemble au problème préliminaire relatif aux triangles, mais elle est malheureusement d'un ordre de difficulté supérieur, car ce tamis ne possède pas d'homothétie interne. Toutefois, la définition de D due à Hausdorff et à Besicovitch (chapitre XIV), comme exposant servant à définir l'étendue d'un ensemble, continue de s'appliquer à ce cas. C'est là un nouveau thème, qu'il fallait signaler (son importance aurait suffi à justifier le présent chapitre), mais auquel nous ne pouvons nous arrêter. Une dimension existe donc, mais on n'a pas réussi encore à en déterminer la valeur mathématiquement. A maints points de vue, elle se comporte comme une dimension d'homothétie. Lorsque, par exemple, le bourrage apollonien est "tronqué" en interdisant l'usage des cercles de rayon inférieur à η, les interstices avec lesquels on reste ont un périmètre proportionnel à η^{1-D} et une surface proportionnelle à η^{2-D}. Numériquement, le D apollonien est égal à environ 1,3058.

Revenons à la physique: Bidaux et al. 1973 ont montré que les propriétés du savon ainsi modelé dépendent précisément de la surface et du périmètre de la somme de ces interstices, la liaison s'opérant à travers D. Donc, je viens d'exprimer les propriétés du smectique en question à travers les propriétés fractales d'une sorte de "négatif" photographique, à savoir la figure qui reste en dehors des molécules.

Fig. 143 : BOURRAGE APOLLONIEN DES CERCLES

Apollonios de Perge a su construire les cercles tangents à trois cercles donnés. Prenons trois cercles tangents deux à deux, formant un "triangle", et itérons la construction d'Apollonios à l'infini. L'union des intérieurs de ces cercles "bourre" notre triangle, en ce sens qu'elle en couvre presque tout point. L'ensemble des points non couverts – appelé "tamis apollonien" – a une superficie nulle. Mais sa mesure linéaire, définie comme la somme des circonférences des cercles bourrants, est infinie. Sa dimension de Hausdorff-Besicovitch est fort utile en physique, comme on le voit au chapitre X.

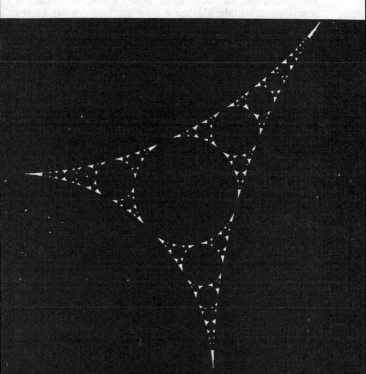

CHAPITRE XI

Arrangements des composants d'ordinateur

Tout le long de cet essai, nous soulignons que la description fractale n'a pas à aller au fond des structures physiques sous-jacentes, mais peut s'arrêter à examiner l'arrangement mutuel des diverses parties de tel ou tel objet naturel. On peut de ce fait s'attendre à ce que des considérations fractales se rencontrent également dans le domaine de l'artificiel, dans tous les cas où celui-ci est si complexe que l'on doit renoncer à suivre le détail des arrangements, se contentant d'en examiner quelques caractéristiques très globales. Ce chapitre montre qu'il en est bien ainsi dans le cas des ordinateurs.

L'idée est celle-ci: afin de pouvoir réaliser un gros circuit complexe, il est nécessaire de le subdiviser en de nombreux modules. Supposons que chaque module comporte environ C "éléments", et que le nombre de terminaux nécessaires pour connecter le module avec l'extérieur soit de l'ordre de T. Chez IBM, on attribue à E. Rent (qui n'a rien publié à ce sujet; je m'appuie ici sur Landman et Russo 1971) l'observation que C et T sont liés par une relation de la forme $T = AC^{1-1/D}$, l'usage de la lettre D devant être justifié dans quelques instants. La formule donne une très bonne approximation, l'erreur moyenne sur T étant de quelques pour cent, exception faite de quelques rares cas, où un des modules contient une forte proportion des éléments du circuit total. Les premières données grossières avaient suggéré que $D \sim 3$; mais on sait aujourd'hui que D augmente avec la performance du circuit, qui, à son tour, reflète le degré de parallélisme présent dans la logique de l'ordinateur.

Le cas $D=3$ a été rapidement expliqué, en l'associant à l'idée que les circuits en question sont arrangés dans le volume des modules, et que ceux-ci se touchent par leurs surfaces. Exprimons, en effet, la règle de Rent sous la forme $T^{1/(D-1)} \sim C^{1/D}$. D'une part, les divers éléments ont tous en gros le même volume v, et par suite C est le rapport: "volume total du module, divisé par v." Donc $C^{1/D} = C^{1/3}$ est en gros proportionnel au rayon du module. Par ailleurs, les divers terminaux exigent en gros la même surface σ, et par suite T est le rapport: "surface totale du module, divisée par σ." Donc $T^{1/(D-1)} = T^{1/2}$ est, lui aussi, en gros proportionnel au rayon du module. En conclusion: lorsque $D=3$, la proportionnalité entre $C^{1/D}$ et $T^{1/(D-1)}$ n'est nullement inattendue.

Notons que le concept de module est ambigu, et presque indéterminé. L'organisation des ordinateurs est hautement hiérarchisée, mais l'interprétation ci-dessus est tout à fait compatible avec cette caractéristique, dans la mesure où, dans tout module d'un niveau donné, les sous-modules s'interconnectent par leurs surfaces.

Il est tout aussi facile, dans le contexte ci-dessus, de voir que $D=2$ correspond à des circuits arrangés dans le plan plutôt que l'espace. De même, dans un "shift register", les modules, comme les éléments, forment une chaîne et l'on a $T=2$, indépendamment de C, de telle façon que $D=1$. Enfin, lorsque le parallélisme est intégral, chaque élément exige son propre terminal. Donc $T=C$, et l'on peut dire que $D=\infty$.

Par contre, si la valeur de D est autre que 1, 2, 3, ou ∞, l'idée d'interpréter C comme effet de volume, et T comme effet de surface devient intenable, tant qu'on reste esclave de la géométrie usuelle. Cependant, ces interprétations sont bien utiles, et il est bon de les préserver.

Le lecteur a deviné depuis un moment ce qu'on peut faire dans ce but: je propose qu'on imagine que la structure des circuits se présente dans un espace de dimension fractionnaire. Pour visualiser le passage de $D = 2$ à $D = 3$, pensons à un sous-complexe de dimension $D = 2$ en termes de circuits métalliques imprimés sur une plaque isolante: pour en augmenter la performance, il faut établir de nouvelles interconnexions. Souvent, pour éviter d'intersecter des connexions déjà imprimées, il faut interconnecter au moyen de fils sortant de la plaque, qui doivent donc être soudés séparément. L'habitude s'est instaurée d'utiliser des fils de couleur jaune. La présence de fils jaunes peut simplement signifier que le circuit a été mal conçu, mais le nombre minimal de fils nécessaires n'en augmente pas moins avec la performance. Sans entrer dans les détails de l'argument, on peut dire que la règle de Rent tient dans tous les cas où l'augmentation de performance, tout en obligeant l'architecte à sortir du plan, n'exige pas qu'il travaille dans l'espace tout entier. Si, de plus, le système total incorpore une hiérarchie à homothétie interne, tout se passe "comme si" l'architecte travaillait dans un espace ayant un nombre fractionnaire de dimensions.

CHAPITRE XII

Arbres de hiérarchie ou de classement et la dimension

Le gros de cet essai est consacré à des objets concrets que l'on peut toucher ou voir, qu'ils soient d'origine naturelle (chapitres II à X) ou artificiels (chapitre XI). Par contraste, le dernier chapitre que voici concerne quelque chose de plus abstrait, à savoir des structures mathématiques d'arbre pondéré régulier. Il y a plusieurs raisons à s'éloigner ainsi des objets "réels". D'abord, le raisonnement reste simple, et il contribuera, je crois, à éclairer un nouvel aspect du concept de dimension d'homothétie, aspect qui aura été appauvri en perdant toute base géométrique, et sera donc devenu, en quelque sorte, "irréductible". Deuxième raison d'étudier les arbres en question: ils apparaissent très vite dans plusieurs applications amusantes.

ARBRES LEXICOGRAPHIQUES, ET LA LOI DES FRÉQUENCES DES MOTS (ZIPF-MANDELBROT)

Nous allons d'abord examiner des arbres susceptibles de permettre de classer les mots du lexique. De leurs propriétés, nous déduirons une loi théorique "optimale" des fréquences des mots, laquelle se trouvera, d'une part, représenter la réalité de façon excellente, d'autre part, invoquer une dimension fractale. Le lexique va être défini comme étant l'ensemble des suites de lettres admissibles comme mots, ces derniers étant séparés par des "blancs", qu'il est commode d'imaginer placés au début de chaque mot. Construisons pour le représenter l'arbre que voici. Le tronc représente le blanc. Il se subdivise en N branches de niveau 1, dont chacune correspond à une des lettres de l'alphabet. Toute branche de niveau 1 se subdivise à son tour en N branches de niveau 2, et ainsi de suite. Il est clair que chaque mot peut être représenté par un des embranchements de l'arbre, et que chaque embranchement peut recevoir un poids, à savoir la probabilité d'emploi du mot en question. Ce poids s'annule pour les suites de lettres qui ne sont pas admissibles comme mots.

Avant d'examiner les arbres lexicographiques réels, voyons ce qui se passe lorsque le codage des mots au moyen de lettres et de blancs est optimal, en ce sens que le nombre moyen de lettres est aussi petit que possible. Tel serait le cas si, dans un sens qu'il serait fastidieux d'expliquer ici en détail, les fréquences des mots se sont "adaptées" au codage au moyen de lettres et de blancs. J'ai montré (dans des travaux qui ont débuté en 1951 et qui sont résumés, entre autres, dans Mandelbrot 1965z, 1968p) qu'il aurait fallu, pour cela, que l'arbre lexicographique soit régulier, en ce sens que chaque embranchement (jusqu'à un niveau maximal fini) corresponde à un mot, et que les poids-probabilités au niveau k prennent tous la forme $U = U_0 r^k$, où r est une constante telle que $0 < r < 1$. Le facteur U_0 – que nous n'allons pas expliciter – assure que la somme des poids-probabilités égale 1.

Afin de déduire la distribution des fréquences des mots à partir de la régularité de cet arbre, ordonnons les mots par fréquences décroissantes (s'il y en a plusieurs de fréquences identiques, leur classement sera arbitraire). Soit ρ le rang que prend dans ce classement un mot de probabilité U. Nous allons voir, dans un instant, qu'un arbre lexicographique régulier, donne, approximativement,

$$U = P(o + V)^{-1/D}, \text{ donc } \rho = -V + U^{-D}P^D,$$

P, V et D étant des constantes. Cette formule, que j'ai ainsi obtenue par un argument analytique, se trouve avoir généralisé une formule empirique popularisée par Zipf 1949 (voir chapitre XV). Elle représente de façon excellente les données empiriques sur les fréquences des mots, dans les langues les plus diverses. Quand nous aurons déduit cette formule de l'hypothèse que l'arbre lexicographique est régulier, nous en discuterons brièvement la signification. Notons cependant tout de suite que D, qui est le paramètre le plus important dans cette formule, sera formellement une dimension:

$$D = \frac{\log N}{\log (1/r)}.$$

Ceci dit, mesurons donc la richesse du vocabulaire par la fréquence relative d'usage des mots rares, disons par le rapport de la fréquence du mot de rang 100 à celle du mot de rang 10. A N constant, ladite richesse augmente avec r. En d'autres termes, plus grande est la dimension D, plus grand est r, c'est-à-dire plus grande est la richesse du vocabulaire.

Une fois admise la régularité de l'arbre de classement, il m'a été facile de démontrer la loi de Zipf généralisée. Il suffit de noter ceci: au niveau k, ρ varie entre $1 + N + N^2 + \ldots + N^{k-1} = (N^k - 1)/(N - 1)$ (exclu) et $(N^{k+1} - 1)/(N - 1)$ (inclus). Soit $V = 1/(N - 1)$. Insérant $k = \log (U/U_0) / \log r$ dans ces deux bornes, on trouve

$$(U^{-D} U_0^D) - 1 < \rho/V \leq N(U^{-D} U_0^D) - 1.$$

On obtient le résultat annoncé, et on définit la nouvelle constante P, en approximant ρ par la moyenne des bornes.

Bien qu'il soit peu réaliste de conjecturer que l'arbre lexicographique est régulier, l'argument ci-dessus suffit pour établir que la loi de Zipf généralisée était "ce à quoi on aurait dû s'attendre". Cette conclusion est confirmée par un argument plus raffiné (Mandelbrot 1955b).

Parenthèse: on avait espéré que la loi de Zipf allait apporter beaucoup à la linguistique, voire à la psychologie. En fait – depuis que je l'ai expliquée – l'intérêt s'est amoindri et se concentre dans l'étude des déviations par rapport à cette loi.

Autre parenthèse: dans une autre interprétation du calcul ci-dessus, D est la "température du discours".

À plusieurs égards, $D = 1$ joue un rôle très spécial, qui est dû au fait que $P^{-1} = \sum (\rho + V)^{-1/D}$.

Tout d'abord, lorsque $D \geq 1$ et $1/D \leq 1$, la série $\sum (\rho + V)^{-1/D}$ diverge. Il est donc nécessaire que ρ soit borné, signifiant que le lexique doit contenir un nombre fini de mots.

Lorsque $D < 1$, au contraire, le lexique peut très bien être infini. S'il en est ainsi, U_0 prend la forme $1 - Nr$ et satisfait à $U_0 < 1$. On peut donc interpréter U_0 comme la probabilité du blanc, et r comme la probabilité d'une des lettres proprement dites: la probabilité $U_0 r^k$ se lit alors comme le produit des probabilités du blanc et des lettres qui composent le mot auquel on a affaire. En d'autres termes, le cas où $D < 1$, et où le lexique est infini, se réinterprète comme suit: prenons une suite infinie de lettres et de blancs statistiquement indépendants, et utilisons les blancs pour découper cette suite en mots. Les probabilités des mots ainsi obtenus suivront la loi de Zipf généralisée.

Voici un deuxième rôle de $D = 1$:

Dans le cas $D < 1$, l'arbre lexicographique peut être réinterprété géométriquement sur l'intervalle fermé $[0, 1]$. Pour ce faire, traçons N intervalle ouverts de longueur r, à savoir $]0, r[,]r, 2r[, \ldots$ et $](N-1)r, Nr[$, qui seront associés aux N lettres de l'alphabet, et l'intervalle ouvert $]Nr, 1[$ de longueur $U_0 = 1 - Nr$, qui sera associé au blanc. Chaque intervalle "lettre" sera de même subdivisé en N intervalle "lettre-lettre" et un intervalle "lettre-blanc". L'intervalle "blanc" ne sera pas subdivisé. Et ainsi de suite. On voit que chaque intervalle blanc définit une suite de lettres finissant par un blanc. Donc il définit un mot, un des mots étant réduit à un blanc! On voit, de plus, que la longueur du blanc est la probabilité de ce mot. On voit également qu'en identifiant blanc à tréma, le complément de tous les trémas ainsi définis est une poussière fractale de Cantor, dont la dimension se trouve égaler D. De cette façon, la dimension s'interprète géométriquement.

Lorsque $D > 1$, au contraire, une telle interprétation est impossible, car le lexique doit être fini, tandis qu'un ensemble fractal ne peut s'obtenir que par une construction infinie.

P.S. 1995. Le facteur V, introduit p. 149 par un argument simplifié et discutable, s'impose clairement lorque les arbres de hiérarchie sont asymétriques. Rappelons que j'en ai fait la démonstration dans Mandelbrot 1955b. Et maintenant (quarante ans après!), je viens d'avoir le plaisir fort et inattendu de voir ce même facteur V s'imposer dans un nouveau contexte, en apparence tout à fait différent, que son importance théorique et pratique met à l'ordre du jour. Il s'agit de la notion de lacunarité fractale, qui est déjà signalée p. 132. On trouve l'exposé de ce nouveau rôle dans Mandelbrot 1995g.

ARBRES DE HIÉRARCHIE, ET LA DISTRIBUTION DES REVENUS SALARIAUX (LOI DE PARETO)

Un deuxième exemple d'arbre, peut-être plus simple encore que le précédent, se rencontre dans les groupes humains hiérarchisés. Nous dirons qu'une hiérarchie est régulière, si ses membres sont répartis en niveaux, de telle façon que, sauf au niveau le plus bas, chaque membre a le même nombre N de subordonnés. Et que ces derniers ont tous le même "poids" U, égal à r fois le poids de leur supérieur immédiat. Le plus commode est de penser au poids comme étant un salaire. (Notons que les revenus non salariaux ne comportent aucune hiérarchie susceptible d'être représentée par un arbre, donc ne peuvent entrer comme poids dans le présent argument.) Encore une fois, s'il faut comparer diverses hiérarchies du point de vue des degrés d'inégalités qu'elles impliquent dans la distribution des revenus, il paraît raisonnable d'ordonner leurs membres par revenu décroissant (à l'intérieur de chaque niveau, le classement se faisant toujours de façon arbitraire), de désigner chaque individu par son rang ρ, et de donner le revenu en fonction du rang. Plus vite le revenu décroît quand le rang augmente, plus grand est le degré d'inégalité. L'argument déjà utilisé pour les fréquences des mots s'applique pleinement, montrant que le rang ρ de l'individu de revenu U est approximativement donné par la formule hyperbolique $\rho = -V + U^{-D}P^{D}$.

Cette relation montre que le degré d'inégalité est surtout déterminé par le D d'homothétie, $D = \log N/\log (1/r)$: plus grande est la dimension, plus grand est r, donc plus petit est le degré d'inégalité.

On peut généraliser légèrement en supposant que U varie entre les divers individus d'un même niveau k, étant égal au produit de r^k par un facteur aléatoire, le même pour tout le monde et tenant compte par exemple des effets tels que l'ancienneté. Cette généralisation modifie les expressions donnant les paramètres V et P, mais elle laisse D inchangé.

Empiriquement, la distribution des revenus est bien hyperbolique, fait connu sous le nom de "loi de Pareto," et la démonstration ci-dessus, qui est due à Lydall 1959, en constitue une explication possible.

Soulignons toutefois que la même loi de Pareto s'applique également, mais avec un D différent, aux revenus spéculatifs. Cette observation pose un problème tout à fait distinct, auquel je me suis attaqué dans Mandelbrot 1959p, 1960i, 1961e, 1962e, 1963p, et 1963e.

Notons que le D empirique est d'ordinaire voisin de 2. Lorsqu'il est exactement égal à 2, le revenu d'un supérieur est égal à la moyenne géométrique de celui de l'ensemble de ses subordonnés, et de celui de chaque subordonné pris séparément. Si on avait $D = 1$, ledit revenu aurait égalé la somme de ceux des N subordonnés.

Finissons par un coq-à-l'âne. Quel que soit D, le nombre de niveaux hiérarchiques croît comme le logarithme du nombre total des membres de la hiérarchie. Si l'on tient à diviser ceux-ci en deux classes, une façon intrinsèque de procéder consisterait à fixer le point de séparation au niveau hiérarchique moyen. Dans ce cas, le nombre de membres de la classe supérieure sera proportionnel à la racine carrée du nombre total. Il y a maintes autres façons de déduire cette "règle de la racine carrée". On l'a, par exemple, associée au nombre idéal des représentants que diverses communautés devraient envoyer à un Parlement auquel elles participent.

CHAPITRE XIII

Lexique de néologismes

C'est par nécessité que mes travaux semblent regorger de néologismes. Plusieurs des idées de base ont beau être anciennes, elles avaient été si peu essentielles, qu'on n'avait pas éprouvé le besoin de termes pour les désigner, ou qu'on s'était contenté d'anglicismes ou de termes hâtifs ou lourds ne se prêtant pas aux larges usages que je propose. Je profite de l'occasion pour inclure quelques autres de mes néologismes, dont je me sers peu dans ce livre. Ce chapitre ne figurait pas dans la première édition, et des versions incomplètes ont paru dans divers recueils.

AMASSEMENT. *n.m.* $1°$. Aptitude à former des amas hiérarchisés. $2°$. Collection d'objets formant des amas distincts, groupés en super-amas, puis super-super-amas, etc., de façon (tout au moins en apparence) hiérarchique.

Exposé des besoins. Le couple "amas-amassement" est conçu pour correspondre à l'anglais "cluster-clustering", dont le deuxième membre n'avait aucun équivalent français.

CHRONIQUE *n.f.* voir TRAÎNÉE.

ÉCHELONNÉ *adj.* Se dirait d'une figure géométrique ou d'un objet naturel dont la structure est dominée par un très petit nombre d'échelles intrinsèques bien distinctes. *Échelonné* n'est pas utilisé dans ce livre, ni aucun autre. Ce terme serait l'opposé de *scalant*, traduisant ainsi mon néologisme anglais *scalebound* (Mandelbrot 1981s).

FRACTAL. *adj.* Sens intuitif. Se dit d'une figure géométrique ou d'un objet naturel qui combine les caractéristiques que voici. A) Ses parties ont la même forme ou structure que le tout, à ceci près qu'elles sont à une échelle différente et peuvent être légèrement déformées. B) Sa forme est, soit extrêmement irrégulière, soit extrêmement interrompue ou fragmentée, quelle que soit l'échelle d'examen. C) Il contient des "éléments distinctifs" dont les échelles sont très variées et couvrent une très large gamme.

Remarque. Le masculin pluriel est *fractals*, calqué sur *navals*, de préférence à *fractaux*.

Exposé des besoins. Les mathématiciens s'étaient occupés depuis cent ans de quelques-uns des ensembles en question, mais n'avaient construit autour d'eux aucune théorie. Ils n'avaient donc pas ressenti le besoin d'un terme pour les désigner. Depuis que l'auteur a montré que la nature regorge d'objets dont les meilleures représentations mathématiques sont des ensembles fractals, il faut un terme approprié et qui n'ait aucune signification concurrente. Toutefois, ce terme n'a pas encore de définition mathématique généralement acceptée. De plus, il faut noter que l'usage que j'en fais ne distingue pas entre ensembles mathématiques (la théorie) et objets naturels (la réalité): il s'emploie dans chaque cas où sa généralité, et l'ambiguïté délibérée qui en résulte sont, soit désirées, soit sans inconvénient, soit sans danger étant donné le contexte.

FRACTALE. *n.f.* Ensemble mathématique ou objet physique fractal.

Remarque. Puisque mon adjectif pluriel *fractals* avait prêté à controverse, il parut bon que le nom correspondant soit féminin. J'y tiens, bien que de nombreux collègues choisissent spontanément le masculin. La raison en serait qu'ils ne considèrent pas *fractal* comme étant un mot français qui serait aussitôt passé à l'anglais. C'est pour eux un mot d'abord rencontré dans un texte anglais, et–sauf cas de force majeure–les emprunts auraient tendance à être masculins.

Il est amusant qu'un "parti du masculin" et un "parti du féminin" s'opposent également – de façon très amicale – dans la langue russe. Il y a également, dans ce dernier cas, un "parti du l dur" et un "parti du l mou".

Dimension fractale. *n.f.* *Sens générique.* Nombre qui quantifie le degré d'irrégularité et de fragmentation d'un ensemble géométrique ou d'un objet naturel, et qui se réduit, dans le cas des objets de la géométrie usuelle d'Euclide, à leur dimensions usuelles.

Sens spécifique. "Dimension fractale" a souvent été appliqué à la dimension de Hausdorff et Besicovitch, *mais cet usage est désormais très fortement déconseillé.*

Ensemble fractal. *n.m.* Remplace *fractale* lorsqu'il faut préciser qu'il s'agit d'un ensemble mathématique.

Remarque. Il faut éviter ma *"définition provisoire"*, qui appelait fractal tout ensemble dont la dimension de Hausdorff et Besicovitch est supérieure à sa dimension topologique. À l'usage, cette définition s'est révélée malencontreuse.

Fractaliste. Amateur de fractales, par exemple chercheur ou utilisateur régulier.

Objet fractal. *n.m.* Remplace *fractale* lorsqu'il faut préciser qu'il s'agit d'un objet naturel. Objet naturel qu'il est raisonnable et utile de représenter mathématiquement par une fractale.

POUSSIÈRE. *n.f.* Collection entièrement discontinue de points; objet de dimension topologique égale à 0.

Exposé des besoins. Pour dénoter les ensembles de dimension topologique égale à 1 ou 2, nous avons des termes familiers: courbe et surface. Il fallait de même un terme familier pour dénoter des objets de dimension topologique égale à 0.

RANDON. *n.m.* Élément aléatoire. *Mise en garde.* Ceci *n'est pas* un anglicisme! On ne sait pas assez que l'anglais *random*, signifiant *aléatoire*, provient du vieux français *randon*, signifiant *rapidité, impétuosité"*. Je propose qu'on ressuscite *randon*, par exemple dans les contextes que voici.

À randon. *adv.* Pourrait s'utiliser comme synonyme de "au hasard". De l'ancien terme français désignant un cheval dont le cavalier a perdu le contrôle.

Randon brownien. Surface, fonction ou champ brownien.

Remarque. Lorsque la variable est uni-dimensionnelle, et qu'on veut suggérer la dynamique sous-jacente, on préférera *randonnée brownienne* (voir ci-dessous).

Randon de zéros brownien. Ensemble des points où un randon brownien s'annule.

Randon de Lévy. Fermeture de l'ensemble des valeurs d'une randonnée stable de Paul Lévy.

Randon de zéros de Lévy. Ensemble où un randon stable de Paul Lévy s'annule.

RANDONISER. *v. tr.* Introduire un élément de hasard. Randoniser une liste d'objets, c'est remplacer leur ordre d'origine (par exemple, l'ordre alphabétique) par un ordre choisi au hasard. Souvent, tous les ordres possibles se voient attribuer la même probabilité. *Mise en garde.* Ne confondez surtout pas *randoniser* avec le détestable franglais *randomiser*!

RANDONNÉE. *n.f.* Fonction donnant la position d'un point de l'espace, lorsque son évolution dans le temps est régie par le hasard. Synonyme de "fonction aléatoire".

Motif de la dérive sémantique suggérée. Dans l'usage commun, *randonnée* peut désigner un voyage dénué de but précis, ou dont le déroulement est imprévisible. Si l'on considère l'aléatoire mathématique comme un modèle de l'imprévisible, le comportement psychologique sous-jacent au sens commun de *randonnée* se modélise bien par le concept mathématique proposé. Ce terme est spécialement recommandé dans les contextes que voici.

Randonnée de Bernoulli. Incréments de la fortune de "Pierre" (et décréments consécutifs de celle de "Francis") au cours du jeu de pile ou face qui les associe symboliquement depuis 1713, quand Jakob Bernoulli fit paraître son *Ars Conjectandi*. Ils utilisent un denier de Bâle perpétuel.

Randonnée brownienne. Mouvement brownien.

RANDONNER. *v. intr.* Se déplacer au hasard.

SCALANT. *adj.* Caractérise à fois les objets fractals, les formules analytiques invariantes par transformation d'échelle, et les interactions physiques qui suivent les mêmes règles à toutes les échelles.

Remarque. L'emprunt *scaling* est si enraciné qu'il vaut mieux ne pas trop s'en éloigner en cherchant un néologisme de remplacement.

TAMIS. *n.f. T. de Sierpinski.* Courbe fractale introduite par W. Sierpinski, dont le complément est fait de triangles (p. 141). Cette courbe a acquis une grande importance en physique. *T. apollonien.* Courbe fractale dont le complément est fait de cercles (p. 143). *Sens générique.* Courbe topologiquement identique au tamis apollonien et à celui de Sierpinski.

Histoire étymologique. Elle est drôle et instructive. Prenons le triangle circulaire formé de deux droites parallèles enserrant un cercle. Son bourrage apollonien donne une rangée infinie de cercles tangents aux mêmes droites, plus les bourrages des triangles restants. Le tout me rappela irrésistiblement ce que serait un joint de moteur d'automobile en ligne, si le moteur avait, non pas

4 ou 6 cylindres, mais une infinité. Aux U.S.A., *joint de moteur* se dit *gasket*, que j'adoptai derechef. Le terme étant devenu usuel, un dictionnaire voulut le traduire en français. Attribuant à *gasket* son sens ancien, qui est relatif aux cordes nautiques, il crut voir dans les *cercles* de mon gasket les coupes de ces cordes, et proposa *baderne*. On discute, ... on observe que certains dictionnaires font remonter *gasket* au français *garcette*. Mais garcette "passe mal". On essaie *trémie* (qu'on croit, à tort, lié à *tréma*), et finalement on en vient à *tamis*.

TRAÎNÉE ET CHRONIQUE. Dans l'étude du mouvement brownien et de nombreuses autres "randonnées", certains termes mathématiques, tels que "graphe", portent à confusion. J'utilise "traînée" pour l'ensemble des points visités par le mouvement, indépendamment des instants et même de l'ordre des visites. J'utilise "chronique" pour le diagramme dont l'abscisse est le temps t, et l'ordonnée (scalaire ou vectorielle) est la position à l'instant t.

TRÉMA n.m. De nombreuses fractales se construisent en partant d'un espace euclidien, pour en soustraire une collection dénombrable d'ensembles ouverts, que j'appelle alors *trémas*.

Etymologie. Du grec τρημα = *trou, points sur un dé*, proche du latin *termes = termite*. Seuls dérivés identifiés : *trématode* (une sorte de vers) et *tréma* (un arbuste ou un signe orthographique). *Trémie* a une origine différente.

Il s'imposait de mettre fin au sous-emploi d'une racine qui est bien née, brève et sonne bien.

CHAPITRE XIV

Appendice mathématique

Du texte de cet essai, un effort délibéré a banni toute formule "compliquée", mais j'espère que beaucoup de lecteurs voudront en savoir plus. Pour leur rendre plus facile la transition vers les ouvrages spécialisés, cet appendice réunit quelques discussions miniatures, combinant les principales définitions avec quelques références. Pour des questions de commodité, l'ordre ci-dessous diffère de celui des premières mentions de ces notions dans le texte.

LES FRACTALES ONT-ELLES BESOIN D'ÊTRE DÉFINIES MATHÉMATIQUEMENT?

Il faut motiver le parti pris, adopté dans le texte, de *caractériser* les objets fractals de façon intuitive et laborieuse, tout en évitant de les *définir* de façon mathématique et compacte, à travers des figures ou des ensembles qu'on aurait appelés fractals. Si j'ai procédé ainsi, c'est par crainte de m'engager dans des détails sans contrepartie concrète. J'ai souvent montré que je suis prêt à contredire presque tous mes ancêtres scientifiques, en déclarant qu'une partie de ce qu'ils avaient pris l'habitude de considérer comme de la pathologie mathématique doit désormais être reclassifié comme l'expression de la robuste complexité du réel. Cependant, je ne verse nullement dans la contradiction systématique. Il reste bien vrai que la majorité des raffinements analytiques sont sans contrepartie concrète, et ne feraient que compliquer inutilement la vie de ceux qui les rencontrent au cours d'une théorie scientifique.

Plus spécifiquement, une fois défini un quelconque concept fractal de dimension, donnant la valeur D, on peut tenter de définir un ensemble fractal comme étant, soit un ensemble pour lequel D est un réel non entier, soit un ensemble pour lequel D est un entier, mais le tout est "irrégulier". Par exemple on appellerait fractal un ensemble qui donne $D = 1$, mais qui n'est pas une courbe continue rectifiable. Ce serait fâcheux, car la théorie de la rectifiabilité est trop confuse pour qu'on veuille en dépendre. De plus, il est souvent possible, en perturbant un ensemble très classique au voisinage d'un seul point, de faire que sa dimension devienne une fraction. Du point de vue concret, de tels exemples seraient insupportables. C'est pour les éviter que je renonce à définir le concept d'ensemble fractal.

MESURE DE HAUSDORFF ET DIMENSION DE HAUSDORFF-BESICOVITCH, UNE DIMENSION FRACTALE DE CONTENU

Parmi les nombreuses définitions de la dimension fractale, la première en date est celle proposée par Hausdorff 1919. Elle s'applique à des figures très générales, qui ne doivent pas nécessairement être à homothétie interne. Pour la clarifier, il est bon de la décomposer en étapes.

Tout d'abord, on suppose donné un espace métrique Ω de points ω, c'est-à-dire un espace dans lequel on a défini, de façon convenable, la distance entre deux points, et, par suite la boule de centre ω et de rayon ρ. Par exemple, Ω peut être un espace euclidien. Soit dans Ω un ensemble $\mathcal{S}$ dont le support est borné, c'est-à-dire contenu dans une boule finie. Il est possible d'approximer $\mathcal{S}$ par excès, au moyen d'un ensemble fini de boules de Ω, telles que tout point de $\mathcal{S}$ est situé dans au moins une d'entre elles. Soient ρ_m leurs rayons. Dans un espace euclidien de dimension $d = 1$, le contenu d'une boule de rayon ρ est 2ρ ; en dimension euclidienne $d = 2$, c'est $\pi\rho^2$, et de façon générale, c'est $\gamma(d)\rho^d$, où l'on pose

$$\gamma(d) = \frac{[\Gamma(1/2)]^d}{\Gamma(1 + d/2)}.$$

(Γ est la fonction gamma d'Euler). Cette expression $\gamma(d)\rho^d$ s'interpole naturellement pour donner le "contenu" formel d'une boule dans une dimension d non entière. Par extension, la somme $\gamma(d)\sum\rho_m^d$ constitue une approximation naturelle du "contenu" de $\mathcal{S}$ du point de vue de la dimension formelle d.

Toutefois, ladite approximation est très arbitraire. Pour la rendre intrinsèque, il est raisonnable, dans une première étape, de fixer un rayon maximal ρ et de considérer tous les recouvrements tels que $\rho_m < \rho$. L'approximation est d'autant plus "économique" que la somme $\gamma(d)\sum\rho_m^d$ se rapproche plus de la limite inférieure $\inf_{\rho_m < \rho} \gamma(d)\sum\rho_m^d$. La deuxième étape consiste à faire tendre ρ vers 0. Ce faisant, la contrainte imposée aux ρ_m devient de plus en plus stricte, donc notre $\inf_{\rho_m < \rho}$ ne peut qu'augmenter, et l'expression

$$\gamma(d) \lim_{\rho \downarrow 0} \inf_{\rho_m < \rho} \sum \rho_m^d$$

est bien déterminée. Cette dernière expression s'appelle "mesure de Hausdorff de $\mathcal{S}$ dans la dimension d". Elle est très importante.

On démontre enfin qu'il existe une valeur D de d telle que,

pour $d < D$, on a $\lim_{\rho \downarrow 0} \inf_{\rho_m < \rho} = \infty$,
pour $d > D$, on a $\lim_{\rho \downarrow 0} \inf_{\rho_m < \rho} = 0$.

(En fait, dans ce dernier cas, on a $\inf_{\rho_m < \rho} = 0$ pour tout ρ, car le meilleur recouvrement se fait, pour tout ρ, par des boules de rayon beaucoup plus petit que ρ). Le D ainsi défini est appelé "dimension de Hausdorff-Besicovitch".

Lorsque Ω est un espace euclidien de dimension E, l'expression $\inf \gamma(E)\sum\rho_m^E$ relative à $\mathcal{S}$ est finie, étant au plus égale à la même expression relative à la boule finie contenant $\mathcal{S}$. Donc, $D \leq E$.

Pour le détail, on peut consulter Kahane et Salem 1963-1994, Federer 1969 ou Rogers 1970.

MESURE DE HAUSDORFF-BESICOVITCH DANS LA DIMENSION D

Posons $d = D$ dans l'expression $\gamma(d) \lim_{\rho \downarrow 0} \inf_{\rho_m < \rho} \sum \rho_m^d$ de la mesure de Hausdorff. La valeur qu'on obtient peut être soit dégénérée (nulle ou infinie), soit non dégénérée. Elle n'est intéressante que dans ce dernier cas, qui recouvre en particulier l'ensemble de Cantor, la courbe de von Koch et l'univers de Fournier. Lorsque la mesure de Hausdorff est dégénérée, c'est que l'expression ρ^D mesure le "contenu intrinsèque" de $\mathcal{S}$ de façon imparfaite. Tel est typiquement le cas si $\mathcal{S}$ est un ensemble aléatoire, par exemple la trajectoire du mouvement brownien, ou de celui de Cauchy ou de Lévy. Dans tous ces cas, le concept de dimension reste acquis, mais il est bon de creuser plus loin celui de "contenu".

Besicovitch a eu l'idée, pour tenir compte des mesures dégénérées, de remplacer $\gamma(D)\rho^D$ par une fonction $h(\rho)$ plus générale satisfaisant $h(0) = 0$. Il peut exister une fonction-jauge $h(\rho)$ telle que la quantité $\lim_{\rho \downarrow 0} \inf_{\rho_m < \rho} \sum h(\rho_m)$ est positive et finie. Dans ce cas, cette quantité s'appelle "mesure de Hausdorff-Besicovitch dans la jauge $h(\rho)$", et on dit que $h(\rho)$ mesure le contenu de l'ensemble $\mathcal{S}$ de façon exacte. Voir, par exemple, Kahane et Salem 1963-1994 ou Rogers 1970.

DIMENSIONS (FRACTALES) DE RECOUVREMENT

Soit encore un ensemble $\mathcal{S}$ dans un espace métrique Ω, et un rayon maximal $\rho > 0$. Pontrjagin et Schnirelman 1932 recouvrent $\mathcal{S}$ au moyen de boules de rayon égal à ρ par la méthode qui exige le plus petit nombre de boules, $N(\rho)$. On peut, sans modifier $N(\rho)$, remplacer la condition "rayon égal à ρ", par "rayon au plus égal à ρ". Ensuite, faisant tendre ρ vers 0, on définit la dimension de recouvrement par

$$\lim\inf_{\rho\downarrow 0} \frac{\log N(\rho)}{\log(1/\rho)}.$$

Kolmogorov et Tihomirov 1959 ont étudié $\log N(\rho)$ en détail, le désignant comme la ρ-entropie de $\mathscr{S}$. Ceci conduit à désigner la dimension de recouvrement comme la dimension d'entropie. Kolmogorov définit également d'autres quantités pouvant servir à définir des dimensions fractales. Par exemple, soit $M(\rho)$ le plus grand nombre de points de $\mathscr{S}$ tels que leurs distances deux à deux dépassent ρ. Par définition, la capacité de $\mathscr{S}$ sera $\log M(\rho)$, et l'expression

$$\lim\inf_{\rho\downarrow 0} \frac{\log M(\rho)}{\log(1/\rho)}$$

sera une dimension fractale. Il ne faut pas se laisser emporter par le mot "capacité", et la confondre avec la dimension capacitaire de Frostman.

CONTENU DE MINKOWSKI

Prenons comme espace Ω l'espace euclidien à E dimensions. Pour étudier les concepts de longueur et d'aire d'un ensemble $\mathscr{S}$ de Ω, Minkowski 1901 a suggéré que l'on commence par le régulariser et l'épaissir, en le remplaçant par l'ensemble $\mathscr{S}(\rho)$ de tous les points dont la distance à $\mathscr{S}$ est au plus égale à ρ. On peut obtenir $\mathscr{S}(\rho)$ comme union de toutes les boules de rayon égal à ρ, centrées en tous les points de $\mathscr{S}$. Par exemple, une ligne est remplacée par un "fil", dont le volume, divisé par $2\pi\rho^2$, fournit une nouvelle évaluation de la longueur approchée de la ligne. De même, une surface est remplacée par un "voile" et le volume du voile, divisé par 2ρ, fournit une évaluation de la superficie approchée de la surface. Minkowski a généralisé la densité pour tout entier d, comme égale au rapport:

$$\frac{\text{volume } E\text{-dimensionnel de } \mathcal{S}(\rho)}{\gamma(E-d)\rho^{E-d}}.$$

Les contenus supérieur et inférieur de $\mathcal{S}$ sont définis, respectivement, comme limites supérieure et inférieure de la densité, pour $\rho \to 0$. L'idée est discutée en détail dans Federer 1969. Lorsque les contenus supérieur et inférieur coïncident, leur valeur commune définit le contenu (tout court).

L'extension de toutes ces définitions aux valeurs non entières de d est toute naturelle. Elle est due à Georges Bouligand. En d'autres termes, s'il existe une valeur D de d, telle que le contenu supérieur de $\mathcal{S}$ s'annule pour $d > D$, et que le contenu inférieur diverge pour $d < D$, cette valeur D peut être appelée dimension de Minkowski-Bouligand de $\mathcal{S}$.

Dimensions fractales de boîtes. Les dimensions définies dans cette section et la précédente, ainsi que diverses variantes informelles, sont souvent appelées "dimensions de boîtes" (sous-entendu: "de boîtes de tailles égales").

DIMENSIONS (FRACTALES) DE CONCENTRATION POUR UNE MESURE (MANDELBROT)

Soit toujours un espace métrique Ω, et supposons de plus que, sur des ensembles appropriés de Ω, on ait défini une mesure $\mu(\mathcal{S})$, satisfaisant à $\mu(\Omega) = 1$, et "partout dense", dans le sens qu'on a $\mu(A) > 0$ pour toute boule A. Puisque "l'ensemble où $\mu > 0$" est identique à Ω, la dimension d'homothétie (si elle s'applique) et la dimension de recouvrement sont toutes deux identiques à la dimension de Ω, et par suite n'apportent rien à la connaissance de μ. Il se peut que l'on puisse dire que μ se concentre sur un ensemble ouvert, dont la dimension de Hausdorff-Besicovitch est plus petite que celle de Ω. Malheureusement, dans le cas des ensembles ouverts, ladite dimension cesse de pouvoir être interprétée concrètement de façon naturelle, donc on voudrait une nouvelle définition plus directe. N'ayant rien vu à ce sujet dans la littérature, j'ai introduit (pour mon usage personnel) les définitions suivantes, peu explorées encore, mais qui pourraient avoir un intérêt plus général.

Étant donné $\rho > 0$ et $0 < \lambda < 1$, considérons tous les recouvrements de Ω qui utilisent des boules de rayon au plus égal à ρ, et laissent non couvert un ensemble de μ-mesure au plus égale à λ. Soit $N(\rho, \lambda)$ l'infimum du nombre de ces boules. Les expressions

$$\liminf\nolimits_{\lambda \downarrow 0} \liminf\nolimits_{\rho \downarrow 0} \frac{\log N(\rho, \lambda)}{\log(1/\rho)}$$

$$\liminf\nolimits_{\rho \downarrow 0} \frac{\log N(\rho, \rho)}{\log(1/\rho)}$$

définissent chacune une dimension. Pour la première, le cas le plus intéressant est celui où le facteur $\liminf\nolimits_{\rho \downarrow 0}$ est indépendant de λ, ce qui signifie que l'opération $\liminf\nolimits_{\lambda \downarrow 0}$ peut être éliminée.

DIMENSION TOPOLOGIQUE

Les dimensions d'homothétie, de recouvrement et de mesure sont toutes relatives à des espaces métriques. Elles sont toutes très différentes d'un concept beaucoup plus usuel, qui est la dimension au sens topologique. Celle-ci est *absolument en dehors* des préoccupations de cet essai, mais il faut la signaler, car autrement le rôle presque exclusif qu'elle joue dans les traités risquerait de prêter à confusion.

Deux espaces topologiques sont dits avoir la même dimension, s'il existe, entre les points de l'un et de l'autre, une correspondance continue un à un. La légende de la figure 41, représentant la courbe de Peano, donne quelques détails à ce sujet. Un grand nombre de renseignements se trouvent dans Gelbaum and Olmsted 1964 (un livre curieux, très utilisable mais totalement désorganisé). Enfin, parmi les traités, on peut citer Hurewicz and Wallman 1941.

Nous voyons donc que le concept intuitif de dimension est multiforme : la dimension de Hausdorff-Besicovitch, la dimension d'homothétie et la dimension topologique n'en représentent chacune qu'un aspect particulier. De plus, elles peuvent parfaitement bien prendre des valeurs différentes. Par exemple, nous savons de la courbe de von Koch et de ses variantes que leurs dimensions de Hausdorff-Besicovitch sont identiques à leurs dimensions d'homothétie et satisfont $1 < D < 2$; par ailleurs, ces courbes continues sans point double ont toutes une dimension topologique égale à 1. Mais l'ensemble qui porte la mesure multinomiale de Besicovitch du chapitre IX a une dimension de Hausdorff-Besicovitch satisfaisant à $0 < D < 1$, tandis que sa dimension d'homothétie est 1.

VARIABLES ALÉATOIRES L-STABLES

Il sera commode ici de définir la variable aléatoire gaussienne réduite X de façon unusuelle, comme ayant $\exp(-\xi^2)$ pour fonction caractéristique (transformée de Fourier). D'où la densité

$$\frac{1}{2\sqrt{\pi}} \exp\{-x^2/4\}.$$

La moyenne de X est nulle, et sa variance est $\sigma^2 = 2$. Mettons en vedette la propriété que voici. Soient G' et G'' deux variables gaussiennes indépendantes, dont les moments satisfont $EG' = EG'' = 0$, $EG'^2 = \sigma'^2$ et $EG''^2 = \sigma''^2$; alors la somme $G = G' + G''$ est également gaussienne avec $EG = 0$ et $EG^2 = \sigma'^2 + \sigma''^2$. Donc la variable gaussienne réduite X est solution de l'équation fonctionnelle suivante :

$$(S): \quad s'X' + s''X'' = sX,$$

à laquelle on ajoute la relation auxiliaire

$$(A2): \quad s'^2 + s''^2 = s^2.$$

L'équation (S) définit la stabilité au sens de Lévy. Du point de vue de (S) et de (A2), s' et s'' sont simplement des facteurs d'échelle. Dans le cas gaussien, ils sont proportionnels à σ' et σ'', mais dans d'autres cas il n'en est plus ainsi.

Passons à la distribution de Cauchy.

$$Pr(X > x) = Pr(X < -x) = \frac{1}{2} - \frac{1}{\pi} \text{arctg} x.$$

Sa densité, étant $\pi^{-1}(1+x^2)^{-1}$, est la transformée de Fourier de la fonction caractéristique $\exp(-|\xi|)$. Elle a cette particularité que $E|X|^h = \infty$ pour $h \geq 1$, a fortiori que tous ses moments d'ordre entier sont infinis.

La distribution de Cauchy, elle aussi, satisfait l'équation fonctionnelle (S) ainsi qu'une condition auxiliaire d'exposant égal à 1:

$$(\text{A1}): \quad s' + s'' = s.$$

Ici, le facteur d'échelle ne peut plus être défini par l'intermédiaire de moments, mais se trouve être égal à la distance entre la médiane de X et ses quartiles.

Enfin, tout en préservant la condition de stabilité (S), il est possible de généraliser (A2) et (A1) sous la forme:

$$(\text{AD}): \quad s'^D + s''^D = s^D.$$

Cauchy pensait que D pouvait être n'importe quel réel positif. Mais Lévy – qui a repris cette étude et l'a conduite à son terme, d'où le terme de "distributions L-stables" – démontre qu'il est nécessaire et suffisant d'avoir $0 < D \leq 2$. Voyez Lévy 1937-1954, Lamperti 1966, Lukacs 1960-1970, Zolotarev 1980.

Dans le cas symétrique (donc isotrope), la densité de probabilité L-stable prend la forme

$$\frac{1}{\pi} \int_0^\infty \exp(-u^D) \cos(ux) du.$$

C'est la transformée de Fourier de la fonction caractéristique $\exp(-|\xi|^D)$. Sauf dans les deux cas $D = 2$ (Gauss) et $D = 1$ (Cauchy), la densité ci-dessus ne peut pas s'écrire sous forme analytique fermée. Si $D < 2$, le moment $E|X|^h$ n'est fini que lorsque $h < D$.

VECTEURS ALÉATOIRES L-STABLES

Nous nous limitons au cas isotrope. Lévy a montré que, si le vecteur aléatoire isotrope X satisfait à

(S) : $s'\mathbf{X}' + s''\mathbf{X}'' = s\mathbf{X}$,

on doit avoir

(AD) : $s'^D + s''^D$, avec $0 < D \leq 2$.

La fonction caractéristique est encore $\exp(-|\xi|^D)$. On peut définir ce vecteur **X** explicitement, comme intégrale de contributions vectorielles, dont les directions couvrent uniformément toute la sphère unité, et dont les longueurs sont des scalaires aléatoires infinitésimaux, indépendants et suivant la même distribution stable (Lévy 1937-1954).

Autre méthode encore: **X** se représente comme l'intégrale, étendue à tous les volumes élémentaires $dxdydz$ de l'espace, de vecteurs définis comme suit: avec la probabilité $1 - dxdydz$, ils sont nuls; autrement, ils ont une longueur égale à $|OP|^{-3/D}$, où P est le centre du volume élémentaire et O est l'origine. Enfin, tous ces vecteurs sont dirigés de P vers O. Il y a divers problèmes de convergence, mais qui se résolvent sans peine, comme on le voit en interprétant chaque vecteur élémentaire comme une force de gravitation. Leur loi devient newtonienne pour $D = 3/2$, auquel cas on a la distribution de Holtsmark. Une discussion particulièrement simple, adressée aux physiciens, est celle de Chandrasekhar 1943. Les difficultés de convergence se résolvent par neutralisation réciproque des petites attractions qu'exercent des étoiles très éloignées, et orientées dans les directions opposées.

LA MULTITUDE DES FONCTIONS BROWNIENNES

Si le mouvement brownien a été le premier objet fractal à être étudié, c'est parce que c'est le plus simple, non seulement du point de vue de la physique, mais aussi des mathématiques (Wiener, Lévy). De plus, un grand nombre d'autres objets fractals s'obtiennent en modifiant la définition du mouvement brownien de façon tout à fait naturelle. Nous allons faire ici une liste des plus importantes de ces généralisations.

Le prototype irréductible est le mouvement brownien scalaire de Wiener. Une fois normalisé, c'est une fonction aléatoire gaussienne, du scalaire t au scalaire B, et telle que $E(B(t) - B(0))^2 = t^{2H}$, avec $H = 0,5$.

La première généralisation s'attaque à B, remplaçant le scalaire par un vecteur, ou encore – ceci revient au même – elle considère un point dont toutes les coordonnées sont des mouvements browniens indépendants.

Une deuxième généralisation concerne un B scalaire, mais elle remplace $H = 0,5$ par une autre valeur, comprise entre 0 et 1. Ceci conduit au mouvement brownien fractionnaire, dont les principales propriétés – y compris une construction effective – sont décrites dans Mandelbrot et Van Ness 1968.

Les première et deuxième généralisations peuvent être combinées – comme il a été dit au chapitre VII.

Une troisième façon de généraliser $B(t)$, due à Paul Lévy, s'attaque à t, remplaçant ce scalaire par un point P. Une construction effective de $B(P)$, à partir du bruit gaussien blanc, a été donnée par Tchentsov. La combinaison des deuxième et troisième généralisations est due à R. Gangolli, une construction effective étant due à Mandelbrot 1975b.

Une quatrième généralisation remplace la distribution gaussienne par une autre distribution L-stable; cette généralisation sert beaucoup au chapitre VI.

CHAPITRE XV

Esquisses biographiques

Cet essai cite beaucoup d'auteurs, dont certains avaient été, à juste titre, couronnés de tous les lauriers (tels Jean Perrin et John William Strutt, Third Baron Rayleigh), tandis que d'autres restaient en marge, souvent jusqu'à la mort. Le temps, pour ces derniers, paraît avoir coulé lentement, leur laissant le loisir (à moins qu'il ne faille dire qu'il leur imposait la nécessité), de polir au fil des années, des idées que personne ne leur disputait. Parmi eux, on trouve trois savants à qui je voue une admiration particulière. Espérant la faire partager, voulant en savoir plus sur l'un d'entre eux – ainsi d'ailleurs que sur un quatrième auteur, dont je ne sais presque rien – et enfin désirant (comme il est dit dans l'introduction) que cet essai contribue à l'histoire des idées, je vais terminer par quelques esquisses de biographie.

LOUIS BACHELIER: 11/3/1870 - 28/4/1946

Le travail de Roger Brown remonte à 1827, à la préhistoire, et la théorie physique du mouvement brownien a été créée de 1905 à 1910, par Perrin, Einstein, Langevin, Fokker et Planck. Quant à la théorie mathématique, elle suivit la physique, avec Wiener, qui la fonda à partir de 1920, puis Paul Lévy. Inutile de s'arrêter ici aux détails, qui sont facilement accessibles.

Mais l'histoire aurait pu procéder différemment. Pour une fois, les mathématiques et la science économique (pour cette dernière, le cas aurait certainement été unique!) auraient pu précéder la physique, si l'aventure d'un extraordinaire précurseur avait pris un tour différent.

En effet, une proportion véritablement incroyable des résultats de la théorie avait déjà été décrite dans les travaux de Louis Bachelier, à commencer par une thèse d'état, soutenue à Paris le 29 mars 1900. Soixante ans après sa publication dans les *Annales de l'Ecole normale supérieure*, cette thèse eut l'honneur rare d'être réimprimée (en traduction anglaise), mais de toute évidence, son influence directe avait été nulle. Bachelier restait actif et publiait, chez les meilleurs éditeurs, plusieurs très longs mémoires et ouvrages. De plus, son livre populaire, *Le Jeu, la Chance et le Hasard* (Bachelier 1914) connut plusieurs éditions, et se laisse encore lire de façon plus qu'honorable. Il n'est pas à mettre entre toutes les mains, car le sujet a bien changé, et c'est écrit comme une suite d'aphorismes, dont il n'est pas clair s'ils résument des connaissances déjà acquises, ou esquissent des problèmes à explorer. L'effet cumulatif de cette ambiguïté est troublant.

Malgré ces travaux, Bachelier dut subir maints échecs dans sa carrière et il avait 57 ans, quand il réussit à être nommé professeur à l'Université de Besançon. Vu la lenteur de sa carrière, et la minceur de la trace personnelle qu'il a laissée (mes recherches, quoique diligentes, n'ont pu retrouver que des bribes de souvenirs d'élèves et de collègues et pas la moindre photographie), sa vie paraît médiocre et la célébrité posthume de sa thèse en a fait un personnage presque romantique.

D'où vient ce contraste ? Une des raisons (en plus du fait qu'il n'avait jamais intégré de grande école, que sa thèse n'avait eu droit qu'à la mention "honorable", et qu'il ne devait pas être bien débrouillard) est due à une certaine erreur mathématique, dont Paul Lévy m'a conté l'histoire, dans une lettre du 25/1/1964. En voici de larges extraits, qui complètent ce qu'on peut en lire dans Lévy 1970, pp. 97-98 :

"J'ai entendu parler de lui pour la première fois peu d'années après la publication de mon calcul des probabilités. Donc en 1928, à un ou deux ans près. Il était candidat à un poste de professeur à l'université de Dijon. Gevrey, qui était professeur, est venu me demander mon avis sur un travail de Bachelier paru en 1913 *(Ann. Ec. Norm.)*. Il y définissait la fonction de Wiener (avant Wiener) comme suit: dans chacun des intervalles $[n\tau,(n+1)\tau]$, une fonction $X(t|\tau)$ a une dérivée constante $+ou - v$, les deux valeurs étant également probables, et un passage à la limite (v *constant*, et $\tau \to 0$) lui donnait $X(t)$! Gevrey était scandalisé par cette erreur et me demandait mon avis. Je lui ai dit que j'étais d'accord avec lui et, sur sa demande, l'ai confirmé par une lettre qu'il a lue à ses collègues de Dijon. Bachelier a été blackboulé, a su le rôle que j'avais joué, m'a demandé des explications que je lui ai données et qui ne l'ont pas convaincu de son erreur... je passe sur les suites immédiates de cet incident.

"Je l'avais oublié, lorsqu'en 1931, dans le mémoire fondamental de Kolmogorov, je vois "der Bacheliers Fall". Je recherche alors les travaux de Bachelier, et vois que cette erreur, qui se trouve partout, n'empêche pas qu'il arrive à des résultats qui auraient été corrects si au lieu de v constant il avait écrit $v = c\tau^{-1/2}$, et qu'il se trouve, avant Einstein et avant Wiener, avoir vu quelques propriétés importantes de la fonction dite de Wiener ou de Wiener-Lévy, notamment: l'équation de la diffusion, et la loi dont dépend $\max_{0 \le \tau \le t} X(\tau)$. Il y aurait un travail à faire que je n'ai jamais fait: rechercher, dans les résultats de mon mémoire de 1939 (*Compositio mathematica*) quels sont ceux que Bachelier connaissait déjà.

"Je m'étais réconcilié avec lui. Je lui avais écrit que je regrettais que l'impression produite par une erreur au début m'ait empêché de continuer la lecture de travaux où il y avait tant d'idées intéressantes. Il m'a répondu par une lettre témoignant d'un grand enthousiasme pour la recherche." Fin de citation.

Il est tragique que ce soit Lévy qui ait joué ce rôle, car nous verrons très bientôt qu'il a bien failli, lui aussi, périr pour manque de rigueur (il serait oiseux de parler ici du degré de rigueur mathématique des meilleures théories physiques de leur temps, ... ou du nôtre).

Une autre raison des difficultés de Bachelier se révèle dans le titre de sa thèse, dont j'ai tardé à parler et qui était

Théorie mathématique de la spéculation, non pas de la spéculation (philosophique) sur la nature du hasard, mais de la spéculation (boursière) à la hausse ou à la baisse de la rente. Suivant les mots du rapporteur, Henri Poincaré: "Le sujet... s'éloigne un peu de ceux qui sont habituellement traités par nos candidats." Rien n'indique comment ce sujet fut choisi. Bien que l'auteur ait utilisé le vocabulaire boursier avec aisance, il savait qu'"on ne devient jamais très riche par sa valeur". Il est peu concevable qu'il ait reconnu l'importance de son modèle pour les économistes (dont je parle dans Mandelbrot 1973j, v), importance qui attendit soixante ans pour être généralement reconnue. Sans doute, tout simplement, suivait-il la tradition, et voyait-il dans le jeu – dans ses propres mots – "l'image la plus claire des effets du hasard".

Quoi qu'il en fût à l'origine, il en vint à considérer, dans sa *Notice* de 1921, que sa principale contribution avait été de donner "des images tirées des phénomènes naturels, comme la théorie du rayonnement des probabilités, où l'on assimile une abstraction à une énergie, rapprochement imprévu et curieux, point de départ de nombreux progrès. C'est au sujet de ces assimilations qu'Henri Poincaré a écrit: 'M. Bachelier a montré un esprit original et juste'".

Cette dernière phrase provient du rapport de thèse, qui mérite d'être cité plus en détail: "La manière dont [le candidat] tire la loi de Gauss est fort originale et d'autant plus intéressante que le raisonnement pourrait s'étendre avec quelques changements à la théorie même des erreurs. Il le développe dans un chapitre dont le titre peut d'abord sembler étrange, car il l'intitule *Rayonnement de la Probabilité*. C'est en effet à une comparaison avec la théorie analytique de la propagation de la chaleur que l'auteur a eu recours. Un peu [sic!] de réflexion montre que l'analogie est réelle et la comparaison légitime. Les raisonnements de Fourier sont applicables presque sans changement à ce problème si différent de celui pour lequel ils ont été créés. On peut regretter que [l'auteur] n'ait pas développé davantage cette partie de sa thèse." Poincaré avait donc vu que Bachelier s'était avancé au seuil même d'une théorie générale de la diffusion.

Deux autres morceaux de la *Notice* valent la peine d'être reproduits:

"1906: *Théorie des probabilités continues*. Cette théorie n'a aucun rapport avec la théorie des probabilités géométriques, dont la portée est très relative. Il s'agit d'une science d'un autre ordre de difficulté et de généralité que le calcul des probabilités classiques. Conception, analyse, méthode, tout y est nouveau.

"1913: *Les probabilités cinématiques et dynamiques*. Ces applications du calcul des probabilités à la mécanique sont absolument personnelles à l'auteur, il n'en a pris l'idée primitive à personne. Aucun travail du même genre n'a jamais été fait. Conception, méthode, résultats, tout est nouveau".

On ne recommande pas, aux auteurs de *Notice*, de faire preuve de modestie. Mais Bachelier n'exagérait absolument pas, contrairement à l'opinion de ses contemporains.

Qui en sait plus sur sa vie et sa personne?

Digression: faut-il compléter les "Œuvres" de Poincaré?

Les extraits de rapport, reproduits ci-dessus, ont été copiés des Archives de l'université de Paris VI – héritières de celles de l'ancienne Faculté des sciences de Paris – avec l'aimable autorisation des autorités compétentes. Le document est rédigé dans le style admirable et lucide qu'on connaît aux écrits "populaires" de l'auteur. C'est passionnant.

Ce cas conduit à la suggestion que voici, que le secret académique, qui protège de tels documents à leur origine, obéisse expressément aux mêmes règles que le secret diplomatique, et celui des correspondances privées. A ce jour, tout un aspect de la personnalité de Poincaré est absent de ses *Œuvres* réputées complètes.

EDMUND EDWARD FOURNIER D'ALBE: 1868-1933

Un paragraphe dans le *Who is Who?*, puis dans le *Who was Who?*, ses livres dans des rares bibliothèques, des rares commentaires sur son modèle – en général sarcastiques, sauf le commentaire de Charlier, qui (sans d'ailleurs l'avoir voulu) s'appropria ce qu'il décrivait avec admiration.

Voici toute la trace laissée par cet auteur étrange. Ce fut un inventeur actif (le premier à transmettre une image de télévision à partir de Londres). Ce fut un mystique religieux. Malgré son patronyme, son éducation en partie allemande et sa résidence à Londres, ce fut un patriote irlandais, militant d'un mouvement pan-celte.

Son ouvrage est de ceux dans lesquels on est surpris de ne rien trouver de sensé, et sur lesquels on craint de trop attirer l'attention, de peur de faire prendre le reste au sérieux. Mais on lui doit quelque chose de durable, la première formalisation d'une intuition très importante, déjà répandue avant lui, il est vrai, mais seulement de façon très vague. On aimerait savoir un peu mieux dans quel terrain elle a pu se former.

PAUL LÉVY: 15/9/1886 - 5/12/1971

Paul Lévy – que je considère comme mon Maître, bien qu'il ne se soit reconnu aucun élève au sens usuel – réalisa ce que Bachelier n'avait fait qu'effleurer. Sa vie fut assez longue pour qu'il se sache reconnu comme un des plus grands probabilistes de tout temps, et même pour le mener (à près de 80 ans) à occuper le fauteuil de Poincaré et d'Hadamard à l'Académie des sciences.

Cependant, il avait pendant toute sa vie active subi l'ostracisme de l'Université, ce qui ne cessait de le mortifier, mais sans le surprendre, car comme il l'écrivit dans son autobiographie, Lévy 1970, tout en craignant de "n'être plus qu'un survivant du dernier siècle", il avait "la sensation très nette d'être un mathématicien 'pas comme les autres'". Travaillant seul, distrait par peu d'obligations en dehors de son professorat à l'Ecole polytechnique, il a transformé une petite collection de résultats hétéroclites en une discipline où des résultats riches et variés s'obtiennent par des méthodes d'une économie de moyens véritablement classique.

Je continue par quelques remarques qui paraphrasent ce que j'avais dit à une cérémonie dédiée à sa mémoire: "Parlons d'abord de son enseignement à Polytechnique. Son cours parlé, le hasard m'ayant fixé une place tout au fond de l'amphithéâtre, et la voix de Lévy étant plutôt faible et non amplifiée, m'a laissé une image floue. Le souvenir le plus vivace est celui d'une ressemblance que nous étions quelques-uns à voir, entre sa silhouette longue, soignée et grise, et la manière un peu spéciale qu'il avait de tracer au tableau le symbole de l'intégration.

"Mais le cours écrit, c'était chose peu ordinaire. Ce n'était pas le défilé traditionnel, bien rangé, commençant par un régiment de définitions et lemmes, suivi de théorèmes dont toutes les hypothèses sont clairement répétées, interrompu de quelques résultats non démontrés mais clairement soulignés comme tels. J'ai plutôt gardé le souvenir d'un flot tumultueux de remarques et d'observations. Dans son autobiographie, Lévy suggère que, pour intéresser les enfants à la géométrie, il faudrait arriver aussi vite que possible aux théorèmes qu'ils ne sont pas tentés de considérer comme évidents. A l'X, sa méthode n'était pas tellement différente. Pour rendre compte de son style, on se trouve irrésistiblement attiré par des images d'alpinisme, tout comme Henri Lebesgue l'avait été, il y a longtemps, dans un compte rendu d'un autre grand Cours d'Analyse de l'X, celui de Camille Jordan. Comme Jordan, en effet, Lévy ne ressemblait pas 'à celui qui essayerait d'atteindre le point culminant d'une région inconnue en s'interdisant de regarder autour de lui avant d'être arrivé au but. Si on l'y conduit, de là-haut il verra peut-être qu'il domine beaucoup de choses, il ne saura pas très bien quoi. Encore convient-il de se rappeler que, des cimes très élevées, on ne voit en général rien. Les alpinistes n'y grimpent que pour le plaisir de l'effort à faire'.

"Inutile de dire que les 'feuilles' polycopiées du cours écrit de Lévy n'étaient pas universellement populaires.

Pour maint excellent taupin, elles étaient – dans l'attente de l'examen général – source d'inquiétude. Dans l'ultime refonte (que j'ai connue en 1957-1958, étant son Maître de conférences), tous ces traits s'étaient encore accentués. Par exemple, l'exposé de la théorie de l'intégration était franchement approximatif. On ne fait pas de bon travail en cherchant à forcer son talent, a-t-il écrit. Il semblait que dans son dernier cours son talent avait été forcé. Mais du cours fait à la promotion 1944, dont j'étais, j'ai gardé un souvenir extraordinairement positif. Si l'intuition ne peut s'enseigner, il n'est que trop facile de la contrarier. Je crois que c'est cela surtout que Lévy cherchait à éviter, et je pense qu'il y parvenait.

"Encore à l'École, j'avais entendu beaucoup d'allusions à son œuvre créatrice. Elle était, disait-on, très importante, mais on ajoutait que le plus urgent était de la rendre rigoureuse. Ceci a été fait, et les petits-enfants intellectuels de Lévy se réjouissent d'être désormais acceptés comme des mathématiciens à part entière. Ils se voient, comme vient de le dire l'un d'entre eux, comme étant des 'probabilistes embourgeoisés'. Cette approbation a été payée très cher: le calcul des probabilités ne s'est pas 'apuré'. Il s'est délibérément démembré et dispersé parmi des branches diverses des mathématiques. Une théorie du hasard, dont le calcul des probabilités aurait dû être le pôle, reste à construire.

"Il semble y avoir, dans toute branche du savoir, des niveaux de précision et de généralité insuffisantes, inaptes à attaquer autre chose que des problèmes très simples. Il existe aussi, de plus en plus, des branches du savoir dont les niveaux de précision et de généralité vont au delà de la demande raisonnable. Par exemple, on peut avoir besoin de cent pages de préliminaires supplémentaires, pour pouvoir (sans ouvrir de nouvel horizon) démontrer un seul théorème sous une forme un tout petit peu plus générale. Enfin, dans quelques branches du savoir, il y a des niveaux de précision et de généralité qu'on peut qualifier de classiques. La grandeur presque unique de Paul Lévy, c'est d'avoir été un précurseur et de rester le classique.

"Pour finir, parlons des applications scientifiques. Il fut rare qu'il s'en occupe, et ceux qui ont à résoudre des problèmes déjà bien posés trouvent rarement dans son œuvre des formules prêtes à leur servir. Donc, ils ne le citent guère. Mais il n'en est pas de même dans l'exploration de problèmes vraiment nouveaux, si j'en crois mon expérience personnelle. Qu'il s'agisse des modèles auxquels cet essai est consacré, ou de ceux (par exemple d'économique) que je touche dans d'autres ouvrages, la bonne formalisation semble très vite exiger, soit du Lévy d'origine, soit un outil ayant le même esprit et le même degré de généralité.

"Il se crée ainsi, entre ses théorèmes et mes théories, un parallélisme toujours plus marqué, d'autant plus inattendu que ceux de mes travaux dont j'avais pu l'entretenir personnellement l'avaient surpris autant qu'ils surprenaient ses contemporains. De plus en plus, le monde intérieur, dont Lévy s'était fait le géographe, se révèle avoir eu, avec le monde qui nous entoure (et que j'explore) une sorte d'accord prémonitoire qui, nul doute à ce sujet, dénote le génie".

LEWIS FRY RICHARDSON: 11/10/1881 - 30/9/1953

Selon les termes de G.I. Taylor, Richardson "était un personnage très intéressant et original, qui pensait rarement dans les mêmes termes que ses contemporains, qui souvent ne le comprenaient pas". Il avait obtenu son diplôme de Cambridge en physique, mathématiques, chimie, biologie et zoologie, car il hésitait sur la carrière à suivre. Ayant appris que Helmholtz avait été médecin avant de devenir physicien, "il m'apparut qu'il avait participé au festin de la vie dans le mauvais ordre, et que je voudrais en passer la première moitié sous la stricte discipline de la physique, et ensuite appliquer cette formation à l'étude des choses vivantes. Ce programme resta mon secret..." Plus tard, à l'âge de 47 ans, il obtint un diplôme de psychologue à Londres.

Sa carrière commença au Meteorological Office, une de ses premières expériences consistant à mesurer la vitesse du vent, même dans les nuages, en tirant des billes d'acier (leur taille variant de celle d'un pois, à celle d'une cerise). Étant quaker, il fut objecteur de conscience en 1914-1918, et démissionna quand le Meteorological Office se trouva intégré au nouveau Air Ministry.

Son ouvrage de 1922, *Weather Prediction by Numerical Process* (dont la réimpression de 1965 contient une biographie) fut une œuvre de visionnaire pratique, mais fut entaché d'une erreur fondamentale. En effet, quand il approxima les équations différentielles de l'évolution de l'atmosphère par des équations aux différences finies, il choisit, pour les intervalles de temps et d'espace, des valeurs qui sont très loin de satisfaire un certain critère de sécurité du calcul. Le besoin d'un tel critère n'ayant pas encore été ressenti, l'erreur était à peine évitable, mais – de ce fait – la validité du principe de la méthode de Richardson attendit vingt ans pour être reconnue.

Cependant, un aspect de son livre a très bien survécu, devenant classique donc anonyme: c'est le concept de cascade, tel qu'il l'a exprimé dans une parodie de Swift, texte devenu célèbre et resté fécond, puisque tout progrès dans l'étude de la turbulence paraît lui fournir une nouvelle variante. L'original et la parodie sont intraduisibles (mais le Swift n'aurait-il pas d'équivalent français de la même époque?):

Swift:
> *"So, naturalists observe, a flea*
> *Hath smaller fleas that on him prey; And*
> *these have smaller fleas to bite 'em;*
> *And so proceed ad infinitum."*

Richardson:
> *"Big whorls have little whorls,*
> *Which feed on their velocity;*
> *And little whorls have lesser whorls,*
> *And so on to viscosity*
> *(in the molecular sense)."*

Tout naturellement, il continua l'étude de la turbulence, ses travaux lui valant l'élection à la Royal Society. La première section d'un de ses travaux s'intitule: "Le vent possède-t-il une vitesse?" et commence ainsi: "La question, en apparence fofolle, le devient moins quand on y réfléchit." Il montre, ensuite, comment on peut étudier la diffusion par le vent, sans jamais avoir à mentionner sa vitesse. Allusion est faite – mais (il n'y a pas eu de miracle!) pour s'en dégager aussitôt – à la fonction continue sans dérivée de Weierstrass. Il est donc clair que Richardson a manqué le coche fractal, mais son argument est facilement traduisible en termes de la vision "fractale" de la turbulence, que cet essai introduit et défend.

Une de ses dernières expériences sur la diffusion turbulente exigeait des bouées très visibles, de préférence blanchâtres, de plus presque entièrement immergées, pour ne pas attraper le vent, et enfin en grand nombre, donc de préférence peu chères. Sa solution fut d'acheter un grand sac de panais (*parsnips*), qu'il fit jeter du haut d'un pont, pendant qu'il observait d'un autre pont, à l'aval.

Dès avant 1939, un héritage lui permit de prendre une retraite anticipée du poste administratif écrasant qu'il avait assumé, faute de poste à sa hauteur, et il se consacra pleinement à l'étude de la psychologie des conflits armés entre Etats. Deux volumes sur ce problème parurent après sa mort, ainsi que quelques articles, dont l'un sauva de l'oubli ses travaux sur la longueur des côtes.

GEORGE KINGSLEY ZIPF: 7/1/1902 - 25/9/1950

Philologue américain, devenu peu à peu "écologue statisticien", Zipf reste connu pour un livre publié à compte d'auteur, intitulé *Human Behavior and the Principle of Least Effort, An Introduction to Human Ecology*, Addison Wesley, 1949.

Je connais peu d'ouvrages (celui de Fournier d'Albe en étant un autre) où tant d'éclairs de génie, projetés dans tant de directions, se perdent dans une gangue aussi épaisse d'élucubrations. D'une part, on y trouve un chapitre traitant de la forme des organes sexuels, et un autre où l'on justifie l'Anschluss par une formule mathématique.

Mais, d'autre part, il nous offre une armée de figures et de tableaux, martelant sans arrêt la preuve empirique de la validité d'une loi statistique, dont le chapitre XII de cet essai a cité deux applications, et qui en a d'autres, dans d'innombrables domaines des sciences sociales. Si elle a eu de la peine à s'imposer, c'est surtout parce qu'elle heurtait de front le dogme qui dominait alors sans conteste parmi les statisticiens de métier : le dogme que tout dans la nature est gaussien. Son œuvre conserve donc une importance historique considérable.

Cela dit, Zipf n'était pas véritablement original : parmi les lois qu'il a disséminées, les meilleures n'étaient pas de lui, et celles dont il a été le premier auteur, sont les moins nombreuses et les plus contestables.

On aime imaginer des fins heureuses aux histoires tristes, surtout lorsqu'elles ont été coupées court, mais, dans le cas de Zipf, c'est difficile. Dans son combat contre un dogme statistique, il s'était forgé un autre dogme, entièrement verbal et vide.

On voit chez lui, de la façon la plus claire – et même caricaturale – les difficultés extraordinaires que rencontre toute approche interdisciplinaire.

CHAPITRE XVI

Remerciements et coda

Cet ouvrage n'aurait jamais vu le jour sans les invitations, le soutien et l'assistance de nombreux organismes et personnes.

Le Collège de France m'a fait l'honneur de me demander d'exposer l'état de mes idées en janvier 1973 et en janvier 1974. En me faisant inviter, A. Lichnerowicz et J.C. Pecker m'ont encouragé à organiser ce qui alors pouvait ne paraître qu'un fouillis, et ce texte peut être considéré comme une rédaction fournie de mes leçons du Collège.

Ce livre fait état de travaux accomplis au Thomas J. Watson Research Center of the International Business Machines Corporation, Yorktown Heights, NY. Par la personne de R.E. Gomory, chef d'une petite équipe dont j'étais, et plus tard Senior Vice-President for Science and Technology, IBM a soutenu le pari des fractales.

La plupart des illustrations ont été réalisées au moyen d'ordinateurs, utilisant des programmes dûs à H. Lewitan, à J.L. Oneto et surtout à S.W. Handelman, et des techniques mises au point par P.G. Capek et A. Appel.

A. Mandelbrot, L. Mandelbrot, C. Vannimenus et J.S. Lourie ont pourchassé l'obscurité et l'anglicisme.

F. Mer, F. Legrand, A.M. Benilan, M. Roullé et, pour finir, C.A. McMullin ont déchiffré les manuscrits très difficiles de 1975, et les ont fait entrer dans un système expérimental de traitement de textes. En 1984, j'ai été aidé par J.T. Riznychok; en 1989 par F. Guder et L.R. Vasta, et en 1995 par K. Tetrault.

Délibérement, j'ai laissé les fins des chapitres précédents "en l'air", et j'en fais de même pour l'essai tout entier. Si, comme je l'espère, des considérations fractales s'intègrent bientôt à la "géométrie élémentaire", ce sera grâce à quelque combinaison imprévisible de caprice, parce que c'est joli et nouveau, et de besoin, parce que ce sera utile ou peut-être même nécessaire. Je n'aime pas juger de la première raison, et c'est pour aider le lecteur à juger de la seconde que j'ai concocté ma macédoine de livre.

Si le lecteur a tenu jusqu'ici, c'est que ma macédoine lui plaît, qu'il reste sur sa faim et qu'il désire en savoir plus. Même la première édition de 1975 devait être considérée comme une simple esquisse, et l'édition que voici est encore plus modeste. En effet, mes efforts se voient récompensés par l'adoption des fractales dans un nombre croissant de disciplines, dont la diversité est tout à fait inattendue, et par une explosion de travaux que je n'essaie même plus de suivre en détail.

On trouve dans la bibliographie de nombreux livres sur les fractales, manuels, monographies ou actes de congrès,... et même un livre de bandes dessinées! C'est par eux qu'il faut commencer l'étude approfondie des fractales. Tous ces livres ont eux-mêmes des bibliographies abondantes, qu'il eût été oiseux de reproduire ici.

BIBLIOGRAPHIE DE CE LIVRE ET DES FRACTALES

Chaque référence comprend un ou plusieurs noms, une date et (s'il le faut) une lettre identificatrice; dans certains cas, cette lettre innove en évoquant le titre du recueil où a paru le travail en question.

La liste inclut ceux des livres techniques sur les fractales que je connais, les textes auxquels ce livre se réfère explicitement, ainsi que d'autres travaux, qui se trouvaient m'être présents à l'esprit, mais dont le choix ne prétend ni à l'équilibre ni à l'exhaustivité. La liste inclut également – honnie soit toute fausse modestie! – la majorité des travaux de l'auteur.

Pour être à jour, il faut se reporter aux bibliographies des livres, lesquels sont marqués par les symboles spéciaux que voici.

. C dénote un ouvrage collectif sur les fractales ou un numéro spécial de revue. Lors qu'il s'agit des *Actes* d'une Conférence ou d'un Symposium, le lieu et la date sont donnés entre parenthèses.

. L dénote les autres livres sur les fractales. Les miens, qui sont inclus, méritent deux mots de commentaire. Tout d'abord, ce livre se réfère à lui-même. *Fractals: Form, Chance and Dimension* est périmé, et je ne le recommande que si son successeur de 1982 est vraiment inaccessible. *The Fractal Geometry of Nature* est beaucoup plus riche et mieux illustré.

ABBOT, L. F. & WISE, M. B. 1981. Dimension of a quantum-mechanical path. *American J. of Physics*: **49**, 37-39.

AHARONY, A. 1984. Percolation, fractals and anomalous diffusion. *J. Statistical Physics*: **34.**, 931-939.

AHARONY, A. 1986. Percolation. *Directions in Condensed Matter Physics*. Ed. G. Grinstein & G. Mazenko. Singapore: World Scientific. pp. 1-50.

C AHARONY, A. & FEDER, J. (eds) 1990. *Fractals in Physics*. Proceedings of an International Conference honoring Benoit Mandelbrot on his 65th birthday. Vence, France, 1-4 Oct. 1989. *Physica D* : **38**, Nos. 1-3.

AHARONY, A. & STAUFFER, D. 1987. Percolation. *The Encyclopedia of Physical Science and Technology:* **10**, 226-244. San Diego, CA: Academic.

ALEXANDER, S. 1986. Fractal surfaces. *Transport and Relaxation in Random Materials*. Ed. J. Klafter, R. J. Rubin and M. F. Shlesinger. Singapore: World Scientific.

ALEXANDER, S. & ORBACH, R. 1982. Density of states on fractals: "fractons". *J. de Physique; Lettres*: **43**, 625.

C AMANN, A., CEDERBAUM, L., & GANS, W. (eds) 1988. *Fractals*. Boston-Dordrecht: Kluwer.

ANDREWS, D. J. 1980-1981. A stochastic fault model. I Static case, II Time-dependent case. *J. of Geophysical Research:* **85B**, 3867-3877 & **86B**, 10821-10834.

C ARNÉODO, A., ARGOUL, F., BACRY, B., ELEZGARAY, J. & MUZY, J. F. 1995. *Ondelettes, multifractales et turbulence.* Paris: Diderot.
ARTHUR, D. W. G. 1954. The distribution of lunar craters. *J. of the British Astronomical Association:* **64**, 127-132.
C AVNIR, D. (ed) 1989. *The Fractal Approach to Heterogeneous Chemistry.* New York: Wiley.

BACHELIER, L. 1900. *Théorie de la spéculation.* Thèse pour le Doctorat ès Sciences Mathématiques, soutenue le 29 mars 1900. *Annales Scientifiques de l'Ecole Normale Supérieure:* **III-17**, 21-86. Traduction dans Cootner, 1964.
BACHELIER, L. 1914. *Le jeu, la chance et le hasard.* Paris: Flammarion.
L BALDO, S. & TRICOT, C. 1991. *Introduction à la topologie des ensembles fractals.* Montréal: Centre de recherches mathématiques.
L BALDO, S., NORMANT, F. & TRICOT, C. 1994. *Fractals in Engineering.* Singapore: World Scientific.
C BANDT, C., GRAF, S. & ZÄHLE, M., 1995. *Fractal Geometry and Stochastics.* Finsterbergen 1994 Proceedings. Basel & Boston: Birkhauser.
BARABASI, A.-L. & STANLEY, E.. *Fractal Concepts in Surface Growth.* Cambridge: University Press, 1995.
BARBER, M. N. & NINHAM, B. W. 1970. *Random and Restricted Walks: Theory and Applications.* New York: Gordon & Breach.
L BARENBLATT, G. I. 1979. *Similarity, Self-similarity and Intermediate Asymptotics.*
L BARNSLEY, M.F. 1988. *Fractals Everywhere.* Orlando Fl: Academic Press.
C BARNSLEY, M.F. (ed) 1988. *Fractal Approximation Theory. Constructive Approximation* : **5**, No. 1.
C BARNSLEY, M.F. & DEMKO, S. (eds) 1987. *Chaotic Dynamics and Fractals.* Orlando FL: Academic Press.
T BARNSLEY, M. F. 1991. *Fraktale überall*, traduction allemande de *Fractals Everywhere.* Heidelberg: Spectrum.
L BARNSLEY, M. F. & ANSON, F. 1993. *The Fractal Transform.* Wellesley MA: A. K. Peters.
L BARNSLEY, M. F. & HURD, L. P. 1993. *Fractal Image Compression.* Wellesley MA: A. K. Peters.
C BARTON, C. C. & LAPOINTE, P. R. (eds) 1995. *Fractal Geometry and its Use in the Earth Sciences.* New York: Plenum.
C BARTON, C. C. & LAPOINTE, P. R.. (eds) 1995. *Fractal Geometry and its Uses in the Geosciences and in Petroleum Geology.* New York: Plenum.
L BATTY, M. & LONGLEY, P. 1994. *Fractal Cities: A Geometry of Form and Function.* Academic Press.
BERGER, J. M. & MANDELBROT, B. B. 1963. A new model for the clustering of errors on telephone circuits. *IBM J. of Research and Development* : **7**, 224-236.
C BÉLAIR, J. & DUBUC, S. (eds) 1991. *Fractal Geometry and Analysis.* Boston: Kluwer.
BERRY, M. V. 1978. Catastrophe and fractal regimes in random waves & Distribution of nodes in fractal resonators. *Structural Stability in Physics.* Ed. W. Güttinger, New York: Springer.
BERRY, M. V. 1979. Diffractals. *J. of Physics* : **A12**, 781-797.
BERRY, M. V. & HANNAY, J. H. 1978. Topography of random surfaces. *Nature* : **273**, 573.

BERRY, M. V. & LEWIS, Z. V. 1980. On the Weierstrass-Mandelbrot fractal function. *Pr. of the Royal Society London* : **A370**, 459-484.
BESICOVITCH, A. S. 1934. On rational approximation to real numbers. *J. of the London Mathematical Society* : **9**, 126-131.
BESICOVITCH, A. S. 1935. On the sum of digits of real numbers represented in the dyadic system (On sets of fractional dimensions II). *Mathematische Annalen* : **110**, 321-330.
C BIARDI, G. & GIONA, M. (ed) 1995. *Chaos and Fractals in Chemical Engineering*. Rome 1993 Proceedings. Singapore: World Science.
BIDAUX, R., BOCCARA, N., SARMA, G., SÈZE, L., DE GENNES, P. G. & PARODI, O. 1973. Statistical properties of focal conic textures in smectic liquid crystals. *Le J. de Physique*: **34**, 661-672.
BIENAYMÉ, J. 1853. Considérations á l'appui de la découverte de Laplace sur la loi de probabilité dans la méthode des moindres carrés. *Comptes Rendus (Paris)* : **37**, 309-329.
BILLINGSLEY, P. 1967. *Ergodic Theory and Information*. New York: Wiley.
BLANCHARD, P. 1984. Complex analytic dynamics on the Riemann sphere. *Bulletin of the American Mathematical Society*: **11**, 85-141.
BLUMENTHAL, L. M. & MENGER, K. 1970. *Studies in Geometry*. San Francisco: W.H. Freeman.
C BOCCARA, N. & DAOUD, M. (eds) 1985. *Physics of Finely Divided Matter* (Les Houches, 1985). Berlin: Springer.
L BONDARENKO, B. A. 1990. *Generalized Pascal Triangles and Pyramids; their Fractals, Graphs, and Applications*. Tashkent (USSR): Publishing House of the Uzbek Academy of Sciences. English translation by R. C. Bollinger. Santa Clara CA: The Fibonacci Association, 1993.
BONDI, H. 1952; 1960. *Cosmology*. Cambridge, UK: Cambridge University Press.
BOREL, E. 1922. Définition arithmétique d'une distribution de masses s'étendant á l'infini et quasi périodique, avec une densité moyenne nulle. *Comptes Rendus* (Paris) : **174**, 977-979.
BOULIGAND, G. 1928. Ensembles impropres et nombre dimensionnel. *Bulletin des Sciences Mathématiques* : **II-52**, 320-334 & 361-376.
BOULIGAND, G. 1929. Sur la notion d'ordre de mesure d'un ensemble plan. *Bulletin des Sciences Mathématiques* : **II-53**, 185-192.
BROADBENT, S. R. & HAMMERSLEY, J. M. 1957. Percolation processes. *Proc. Cambridge Philosophical Society* : **53**, 629-641.
C BUNDE, A. & HAVLIN, S. (eds) 1991. *Fractals and Disordered Systems*. New York: Springer.
C BUNDE, A. & HAVLIN, S. (eds) 1994. *Fractals in Science: An Interdisciplinary Approach*. New York: Springer.
BURROUGH, P. A. 1981. Fractal dimensions of landscapes and other environmental data. *Nature* : **294**, 240-242.

CAFFARELLI, L., KOHN, R. & NIRENBERG, L. 1982. Partial regularity of suitable weak solutions of Navier-Stokes equations. *Communications in Pure and Applied Mathematics* : **35**, 771-831.
CANTOR, G. 1872. Uber die Ausdehnung eines Satzes aus der Theorie der Trigonometrischen Reihen. *Mathematische Annalen* : **5**, 123-132.
CANTOR, G. 1883. Grundlagen einer allgemeinen Mannichfältigkeits- lehre. *Mathematische Annalen* : **21**, 545-591. Repris dans Cantor 1932.
CANTOR, G. 1932. *Gesammelte Abhandlungen mathematischen und philosophischen Inhalts*. Ed. E. Zermelo. Berlin: Teubner.
CESÀRO, E. 1905. Remarques sur la courbe de von Koch. *Atti della Reale Accademia delle Scienze Fisiche e Matematiche di Napoli* : **XII**, 1-12. Voir Cesàro *Opere scelte*. Rome: Edizioni Cremonese, **II**, 464-479.

CHANDRASEKHAR, S. 1943. Stochastic problems in physics and astronomy. *Reviews of Modern Physics* : **15**, 1-89. Reproduit dans *Noise and Stochastic Processes*. Ed. N. Wax. New York: Dover.

CHARLIER, C. V. L. 1908. Wie eine unendliche Welt aufgebaut sein kann. *Arkiv för Matematik, Astronomi och Fysik* : **4**, 1-15.

CHARLIER, C. V. L. 1922. How an infinite world may be built up. Arkiv för Matematik, Astronomi och Fysik : **16**, 1-34.

C CHERBIT, G. (ed) 1987. *Fractals: dimensions non entières et applications*. Paris: Masson.

CHORIN, A. J. 1981. Estimates of intermittency, spectra, and blow up in developed turbulence. *Communications in Pure and Applied Mathematics* : **34**, 853-866.

CHORIN, A. 1982a. The evolution of a turbulent vortex. *Communications in Mathematical Physics* : **83**, 517-535.

CIOCZEK-GEORGES, R. & MANDELBROT, B. B., 1995a. A class of micropulses and antipersistent fractional Brownian motion. (sous presse)

CIOCZEK-GEORGES, R. & MANDELBROT, B. B., 1995b. Stable fractal sums of pulses: the general case.

CIOCZEK-GEORGES, R. & MANDELBROT, B. B., 1995c. Alternative micropulses and fractional Brownian motion.

CIOCZEK-GEORGES, R., MANDELBROT, B. B., SAMORODNITSKY, G. & TAQQU, M. S. 1995. Stable fractal sums of pulses: the cylindrical case. *Bernoulli*: **1**. (sous presse)

COLEMAN, P. H., PIETRONERO, L. & SANDERS, R. H. 1988. Absence of any characteristic correlation length in the CfA Galaxy Catalogue. *Astronomy and Astrophysics* : **200**, L32-L34.

COOTNER, P. H. (Ed.) 1964. *The Random Character of Stock Market Prices*. Cambridge, MA: MIT Press.

C CRILLY, A. J., EARNSHAW, R. A. & JONES, H. 1993. *Applications of Fractals and Chaos: The Shape of Things*. New York: Springer.

L CZYZ, J. 1994. *Paradoxes of measures and dimensions originating in Felix Hausdorff's idas*. Singapore: World Scientific.

DAMERAU, F. J. & MANDELBROT, B. B. 1973. Tests of the degree of word clustering in written English. *Linguistics* : **102**, 58-75.

DAVIS, C. & KNUTH, D. E. 1970. Number representations and dragon curves. *J. of Recreational Mathematics* : **3**, 66-81 & 133-149.

DEKKING, F. M. 1982. Recurrent sets. *Advances in Mathematics* : **44**, 78-104.

DEN NIJS, M. 1983. Extended scaling relations for the magnetic critical exponents of the Potts model. *Physical Review B* : **27**, 1674-1679.

DEUTCHER, G., ZALLEN, R., & ADLER, J. 1983. Percolation structures and processes, *Annals Israel Physical Society* : **5**.

C DEVANEY, R. L. et al 1988. *Chaos and Fractals: The Mathematics Behind the Computer Graphics* (Short Course 1988, Lecture Notes). Providence RI: American Mathematical Society.

L DEVANEY, R. L. 1990. *Chaos, Fractals and Dynamics. Computer Experiments in Mathematics*. Reading MA: Addison Wesley.

C DEVANEY, R. L. (ed) 1991. *Dynamical Systems, Chaos and Fractals*. Special issue of *The College Mathematics Journal*, Volume 22, No.1.

L DEVANEY, R. L. 1992. *A First Course in Dynamical Systems: Theory and Experiment*. Reading MA: Addison Wesley.

DEWDNEY, A.K. 1985. Exploring the Mandelbrot Set. A computer microscope zooms in for a look at the most complex object in mathematics. *Scientific American* (August 1985). Traduction française dans la revue *Pour la Science*.

DOMB, C. 1964. Some statistical problems connected with crystal lattices. *J. of the Royal Statistical Society* : **26B**, 367-397.

DOMB, C., GILLIS, J. & WILMERS, G. 1965. On the shape and configuration of polymer molecules. *Pr. of the Physical Society* : **85**, 625-645.

DOUADY, A. & HUBBARD, J. H. 1982. Itération des polynomes quadratiques complexes. *Comptes rendus* (Paris): 294-I, 123-126.

C DUBUC, S. (ed) 1987. *Atelier de géométrie fractale*, Annales des Sciences Mathématiques du Québec : **11**, 1-235.

DUMOUCHEL, W. H. 1973, 1975. Stable distributions in statistical inference: *J. of the American Statistical Association* : **68**, 469-482 & **70**, 386-393.

C EARNSHAW, R. A., CRILLY, A. J. & JONES, H. (eds). *Fractals and Chaos.* New York: Springer, 1990.

L EDGAR, G. A. *Measure, Topology, and Fractal Geometry* New York: Springer, 1990.

L EDGAR, G. A. (ed). *Classics on Fractals.* Reading MA: Addison Wesley, 1993.

EGGLESTON, H. G. 1953. On closest packing by equilateral triangles. *Pr. of the Cambridge Philosophical Society* : **49**, 26-30.

EL HÉLOU, Y. 1978. Recouvrement du tore par des ouverts aléatoires et dimension de Hausdorff de l'ensemble non recouvert. *Comptes Rendus (Paris)* : **287A**, 815-818.

EVERTSZ, C. J. G. 1989. *Laplacian Fractals.* Groningen Ph.D. thesis.

EVERTSZ, C. J. G., JONES, P. W., & MANDELBROT, B. B. 1991. Behavior of the harmonic measure at the bottom of fjords. *J. Physics* : **A24**, 1889-1901.

EVERTSZ, C. J. G. & MANDELBROT, B. B. 1991n. Steady state noises in diffusion limited fractal growth. *Europhysics Letters* : **15**, 245-250.

EVERTSZ, C. J. G. & MANDELBROT, B. B. 1992a. Multifractal measures. Appendix in *Chaos and Fractals: New Frontiers in Science*, by H.-O. Peitgen, H. Jürgens & D. Saupe. New York: Springer, 849-881.

EVERTSZ, C. J. G. & MANDELBROT, B. B. 1992b. Self-similarity of the harmonic measure on DLA. *Physica*: **A185**, 77-86.

EVERTSZ, C. J. G., MANDELBROT, B. B., & NORMANT, F. 1991f. Fractal aggregates, and the current lines of their electrostatic potentials. *Physica*: **A177**, 589-592.

EVERTSZ, C. J. G., MANDELBROT, B. B., & NORMANT, F. 1992t. Harmonic measure around linearly self-similar trees. *J. Physics.*: **A25**, 1781-1797.

EVERTSZ, C. J. G., MANDELBROT, B. B., NORMANT, F., & WOOG, L. 1992. Variability of the form and the harmonic measure for small off-off lattice diffusion limited aggregates. *J. Physics*: **A45**, 5798-5804 & 8985-8986.

EVERTSZ, C. J. G., MANDELBROT, B. B. & WOOG, L. 1992. Variability of the form and of the harmonic measure for small off-off-lattice diffusion limited aggregates. *Physical Review*: **A 45**, 5798-5804.

L FALCONER, K. J. 1985. *The Geometry of Fractal Sets.* Cambridge UK: Cambridge University Press.

L FALCONER, K. J. 1990. *Fractal Geometry: Mathematical Foundations and Applications.* New York: Wiley.

FAMA, E. F. 1963. Mandelbrot and the stable Paretian hypothesis. *J. of Business* (Chicago) : **36**, 420-429. Reproduit dans Cootner/1964.

FAMA, E. F. 1965. The behavior of stock-market prices. *J. of Business* : **38**, 34-105. Basé sur une Thèse de l'Université de Chicago, intitulée *The Distribution of Daily Differences of Stock Prices: A Test of Mandelbrot's Stable Paretian Hypothesis*.

FAMA, E. F. & BLUME, M. 1966. Filter rules and stock-market trading. *J. of Business* (Chicago) : **39**, 226-241.

C FAMILY, F. & LANDAU, D. P. (eds) 1984. *Kinetics of Aggregation and Gelation*. Amsterdam, North Holland.

C FAMILY, F., MEAKIN, P., SAPOVAL, B. & WOOL, R. (eds) 1995. *Fractal Aspects of Materials*. MRS Symposium, Boston. Pittsburgh: Materials Research Society.

C FAMILY, F. & VICSEK, T. (eds) 1991. *Dynamics of Fractal Surfaces*. Singapore: World Scientific.

C FAN, L. T., NEOGI, D. & YASHIMA, M. 1991. *Elementary Introduction of Spatial and Temporal Fractals*. Lecture Notes in Chemistry **55**. New York: Springer.

C FARGE, M., HUNT, J. & VASSILICOS, J. C. (eds) 1993. *Wavelets, Fractals and Fourier Transforms: New Developments and New Applications*. Oxford University Press.

FATOU, P. 1919-1920. Sur les équations fonctionnelles. *Bull. Société Mathématique de France* : **47**, 161-271; **48**, 33-94, & **48**, 208-314.

L FEDER, J. 1988. *Fractals*. New York: Plenum.

FEDERER, H. 1969. *Geometric Measure Theory*. New York: Springer.

FELLER, W. 1950-1957-1968. *An Introduction to Probability Theory and Its Applications*, vol. 1. New York: Wiley.

FELLER, W. 1966-1971. *An Introduction to Probability Theory and Its Applications*, vol. 2. New York: Wiley.

FISHER, M. E. 1967. The theory of condensation and the critical point. *Physics* : **3**, 255-283.

C FISCHER, P. & SMITH, W. (eds) 1985. *Chaos, Fractals and Dynamics*. New York: M. Dekker.

C FISHER, Y. (ed) 1994. *Fractal Image Compression. Theory and Application to Digital Images*. New York: Springer.

C FLEISCHMANN, M., TILDESLEY, D. & BALL, R. C. (eds) 1989. *Fractals in the Natural Sciences*. Proceedings of the Royal Society of London, **A423**. Reprint, Princeton University Press, 1990.

FOURNIER, A., FUSSEL, D. & CARPENTER, L. 1982. Computer rendering of stochastic models. *Communication of the Association of Computer Machinary* : **25**, 371-384.

FOURNIER D'ALBE, E. E. 1907. *Two new worlds: I The infra world; II The supra world*. London: Longmans Green.

L FRANKHAUSER, P. 1994. *La fractalité des structures urbaines*. Paris: Anthropos/Economica.

FRÉCHET, M. 1941. Sur la loi de répartition de certaines grandeurs géographiques. *J. de la Société de Statistique de Paris* : **82**, 114-122.

GAMOW, G. 1954. Modern cosmology. *Scientific American* : **190** (March) 54-63. Reproduit dans Munitz (Ed.) 1957, 390-404.

GARDNER, M. 1967. An array of problems that can be solved with elementary mathematical techniques. *Scientific American* : **216** (March, April and June 1967). Reproduit dans Gardner 1977, *Mathematical Magic Show*. New York: Knopf. pp. 207-209 & 215-220.

GARDNER, M. 1976. In which "monster" curves force redefinition of the word "curve". *Scientific American* : **235** (December 1976), 124-133.

GEFEN, Y., AHARONY, A. & ALEXANDER, S. 1983. Anomalous diffusion on percolation clusters. *Physical Review Letters* : **50**, 77-81.

GEFEN, Y., AHARONY, A. & MANDELBROT, B. B. 1983. Phase transitions on fractals: I. Quasi-linear lattices. *J. of Physics A* : **16**, 1267-1278.

GEFEN, Y., AHARONY, A., MANDELBROT, B. B. & SHAPIR, Y. 1984. Phase transitions on fractals: II. Sierpinski gaskets. *J. of Physics A* : **17**, 435-444.

GEFEN, Y., AHARONY, A., & MANDELBROT, B. B. 1984. Phase transitions on Fractals: III. Infinitely ramified lattices. *J. of Physics A* : **17**, 1277-1289.

GEFEN, Y., AHARONY, A., MANDELBROT, B. B. & KIRKPATRICK, S. 1981. Solvable fractal family, and its possible relation to the backbone at percolation. *Physical Review Letters.* : **47**, 1771-1774.

GEFEN, Y., MANDELBROT, B. B. & AHARONY, A. 1980. Critical phenomena on fractals. *Physical Review Letters* : **45**, 855-858.

GEFEN, Y., MEIR, Y., MANDELBROT, B. B. & AHARONY, A. 1983. Geometric implementation of hypercubic lattices with noninteger dimensionality, using low lacunarity fractal lattices. *Physical Review Letters* : **50**, 145-148.

GELBAUM, B. R. & OLMSTED, J. M. H. 1964. *Counterexamples in Analysis.* San Francisco: Holden-Day.

GERNSTEIN, G. L. & MANDELBROT, B. B. 1964. Random walk models for the spike activity of a single neuron. *The Biophysical J.* : **4**, 41-68.

GILBERT, W. T. 1982. Fractal geometry derived from complex bases. *Mathematical Intelligencer* : **4**, 78-86.

GIVEN, J. A. & MANDELBROT, B. B. 1983. Diffusion on fractal lattices and the fractal Einstein relation. *J. Physics A* : **16**, L565-L569.

GNEDENKO, B. V. & KOLMOGOROV, A. N. 1954. *Limit Distributions for Sums of Independent Random Variables.* Trans. K.L. Chung. Reading, MA: Addison Wesley.

L GOUYET, J. F.. *Physique et structures fractales.* Paris: Masson, 1992.

C GRAETZEL, M. & WEBER, J. 1990. *Fractal Structures, Fundamentals and Applications in Chemistry.* Special issue of *New Journal of Chemistry*, Volume 14, No.3, March.

C GUANGYUE, C. ET AL (eds) *Fractal Theory and its Applications.* 1989. Proceedings of the First National Scientific Congress. Chinese. Chengdu (China): Sichuan University Press.

GUMOWSKI, I. & MIRA, C. 1980. *Dynamique chaotique.* Toulouse: Capadues.

GUTZWILLER, M. C. & MANDELBROT, B. B. 1988. Invariant multifractal measures in chaotic Hamiltonian systems, and related structures. *Physical Review Letters* : **60**, 673-676.

L HARDY, H. H. & BEIER, R. A. 1994. *Fractals in Reservoir Engineering* Singapore: World Scientific.

L HASTINGS, H. M. & SUGIHARA, G.. *Fractals: A User's Guide for the National Sciences.* 1994. Oxford University Press.

HAUSDORFF, F. 1919. Dimension und äusseres Mass. *Mathematische Annalen* : **79**, 157-179.

HAWKING, S. W. 1978. Spacetime foam. *Nuclear Physics* B144, 349-362.

L HECK, A. & PERDANG, T. N. (eds) 1991. *Applying Fractals in Astronomy.* New York: Springer.

HEIDMANN, J. 1973. *Introduction á la cosmologie.* Paris: Presses Universitaires de France.

HENTSCHEL, H. G. E. & PROCACCIA, I. 1982. Intermittency exponent in fractally homogeneous turbulence. *Physical Review Letters* : **49**, 1158-1161.

HENTSCHEL, H. G. E. & PROCACCIA, I. 1983. The infinite number of generalized dimensions of fractals and strang attractors. *Physica (Utrecht)* : **8D**, 435.

HERMITE, C. & STIELTJES, T. J.. 1905. *Correspondance d'Hermite et de Stieltjes,* 2 vols. Ed. B. Baillaud & H. Bourget. Paris: Gauthier-Villars.

HOYLE, F. 1953. On the fragmentation of gas clouds into galaxies and stars. *Astrophysical J.* : **118**, 513-528.

HUGHES, B. D., MONTROLL, E. W. & SHLESINGER, M. F. 1982. Fractal random walks. *Journal of Statistical Physics* : **28**, 111-126.

C HURD, A. J. (ed) 1989. *Fractals: Selected Reprints.* College Park MD: American Association of Physics Teachers.

C HURD, A. J., MANDELBROT, B. B. & WEITZ, D. A. (eds) 1987. *Fractal Aspects of Materials: Disordered Systems.* Extended Abstracts of a MRS Symposium, Boston. Pittsburgh PA: Materials Research Society.

HUREWICZ, W. & WALLMAN, H. 1941. *Dimension Theory.* Princeton University Press.

HURST, H. E., BLACK, R. P., AND SIMAIKA, Y. M. 1965. *Long-term storage, an experimental study.* London: Constable.

HUTCHINSON, J. E. 1981. Fractals and self-similarity, *Indiana University Mathematics J.* : **30**, 713-747.

JAFFARD, S. & MANDELBROT, B. B. 1995. Local regularity of nonsmooth wavelet expansions and application to the Polyà function.

JAKEMAN, E. 1982. Scattering by a corrugated random surface with fractal slope. *J. Physics A* : **15**, L55-L59.

JAKI, S. L. 1969. *The Paradox of Olbers' Paradox.* New York: Herder & Herder.

JEANS, J. H. 1929. *Astronomy and cosmogony.* Cambridge, UK: Cambridge University Press. (également réimprimé par Dover).

JULLIEN, R. & BOTTET, R.. *Aggregation and Fractal Aggregation.* Singapore: World Scientific, 1987.

JULLIEN, R., KERTESZ, J., MEAKIN, P. & WOLF, D. E. (eds). *Surface Disordering: Growth, Roughening, and Phase Transitions.* (Les Houches 1992). New York: Nova Science, 1993.

JULLIEN, R., PELITI, L., RAMMAL, R. & BOCCARA, N. (eds). *Universalities in Condensed Matter.* Les Houches, 1988, Proceedings. New York: Springer, 1988.

L JULLIEN, R. & BOTTET, R. 1987. *Aggregation and Fractal Aggregation.* Singapore: World Scientific Publishing Co..

C JULLIEN, R., PELITI, L., RAMMAL, R. & BOCCARA, N. (eds) 1988. *Universalities in Condensed Matter* (Les Houches, 1988). New York: Springer.

C JÜRGENS, H. ET AL (eds) 1989. *Chaos und Fraktale.* Heidelberg: Spektrum der Wissenschaft.

L KAANDORP, J. A. 1994. *Fractal Modeling: Growth Form in Biology.* New York: Springer.

KAGAN, Y. Y. & KNOPOFF, L. 1978. Statistical study of the occurrence of shallow earthquakes. *Geophysical Journal of the Royal Astronomical Society* : **55**, 67-86.

KAGAN, Y. Y. & KNOPOFF, L. 1980. Spatial distribution of earthquakes: the two-point correlation function. *Geophysical Journal of the Royal Astronomical Society* : **62**, 303-320.

KAHANE, J. P. 1969. Trois notes sur les ensembles parfaits linéaires. *Enseignement mathématique* : **15**, 185-192.

KAHANE, J. P. 1970. Courbes étranges, ensembles minces. *Bulletin de l'Association des Professeurs de Mathématiques de l'Enseignement Public* : **49**, 325-339.

KAHANE, J. P. 1971. The technique of using random measures and random sets in harmonic analysis. *Advances in Probability and Related Topics,* Ed. P. Ney. : **1**, 65-101. New York: Marcel Dekker.

KAHANE, J. P. 1974. Sur le modèle de turbulence de Benoit Mandelbrot. *Comptes Rendus* (Paris) : **278A**, 621-623.

KAHANE, J. P. 1976. Mesures et dimensions. *Turbulence and Navier-Stokes Equations* (Ed. R. Temam) Lecture Notes in Mathematics: **565**, 94-103. New York: Springer.

KAHANE, J. P. & MANDELBROT, B. B. 1965. Ensembles de multiplicité aléatoires. *Comptes Rendus* (Paris) : **261**, 3931-3933.

KAHANE, J. P. & PEYRIÈRE, J. 1976. Sur certaines martingales de B. Mandelbrot. *Advances in Mathematics* : **22**, 131-145.

KAHANE, J. P. & SALEM, R. 1963. *Ensembles parfaits et séries trigonométriques.* Paris: Hermann.

KAPITULNIK, A. & DEUTSCHER, G. 1982. Percolation characteristics in discontinuous thin films of Pb. *Physical Review Letters* **49**, 1444-1448.

KAPITULNIK, A., AHARONY, A., DEUTSCHER, G. & STAUFFER, D. 1983. Self-similarity and correlation in percolation. *Physical Review Letters* : **49**, 1444-1448.

C KAUFMAN, J. H., MARTIN, J. E. & SCHMIDT, P. W. (eds) 1989. *Fractal Aspects of Materials.* Extended Abstracts of a MRS Symposium, Boston. Pittsburgh PA: Materials Research Society.

KAUFMAN, H., VESPIGNANI, A. & WOOG L. 1995. Parallel diffusion-limited aggregation. *Physical Review:* **E**.

L KAYE, B. H. 1989. *A Randomwalk Through Fractal Dimension.* Weinheim & New York: VCH Publishers.

L KAYE, B. 1993. *Chaos & Complexity: Discovering the Surprising Pattern of Science and Technology.* New York, VCH.

VON KOCH, H. 1904. Sur une courbe continue sans tangente, obtenue par une construction géométrique élémentaire. *Arkiv för Matematik, Astronomi och Fysik* : **1**, 681-704.

VON KOCH, H. 1906. Une méthode géométrique élémentaire pour l'étude de certaines questions de la théorie des courbes planes. *Acta Mathematica* : **30**, 145-174.

KOLMOGOROV, A. N. 1941. Local structure of turbulence in an incompressible liquid for very large Reynolds numbers. *Comptes Rendus (Doklady) Académie des Sciences de l'URSS (N.S.)* : **30**, 299-303.

KOLMOGOROV, A. N. 1962. A refinement of previous hypothesis concerning the local structure of turbulence in a viscous incompressible fluid at high Reynolds number. *J. of Fluid Mechanics* : **13**, 82-85.

KOLMOGOROV, A. N. & TIHOMIROV, V. M. 1959-1961. Epsilon-entropy and epsilon-capacity of sets in functional spaces. *Uspekhi Matematicheskikh Nauk (N.S.)* : **14**, 3-86. Traduction dans *American Mathematical Society Translations* (Series 2) : **17**, 277-364.

KORCAK, J. 1938. Deux types fondamentaux de distribution statistique. *Bulletin de l'Institut International de Statistique* : **III**, 295-299.

L KORVIN, G.. *Fractal Models in the Earth Sciences* 1992. Amsterdam: Elsevier.

C KRUHL, J. H. (ed) 1994. *Fractals and Dynamic Systems in Geoscience.* New York: Springer.

C LAIBOWITZ, R. B., MANDELBROT, B. B. & PASSOJA, D. E. (eds) 1985. *Fractal Aspects of Materials*. Extended Abstracts of a MRS Symposium, Boston. Pittsburgh PA: Materials Research Society.

C LAM, L. (ed). *Nonlinear physics for beginners: Fractals, ...* 1991. Singapore: World Scientific.

C LAM, S. N. & DE COLA, L. (eds) 1993. *Fractals in Geography*. Englewood Cliffs NJ: Prentice Hall.

LAM, C.-H., KAUFMAN, H. & MANDELBROT, B. B. 1994. Orientation of particle attachment and local isotropy in diffusion limited aggregates (DLA). *J. Physics*: **A28**, L 213-217.

LAMPERTI, J. 1966. *Probability: a Survey of the Mathematical Theory*, Reading, MA: Benjamin.

LANDMAN, B. S. & RUSSO, R. L. 1971. On a pin versus block relationship for partitions of logic graphs. *IEEE Tr. on Computers* : **20**, 1469-1479.

C LASOTA, A. & MACKEY, M. 1994. *Chaos, Fractals and Noise: Stochastic Aspects of Dynamics*. New York: Springer.

L LAUWERIER, H. 1987. *Les fractales* (en néerlandais). Amsterdam: Aramith. 1989. Traduction anglaise. Princeton University Press.

LAUWERIER, H.. *Fractals*. Dutch. Amsterdam: Aramith, 1987. English translation. Princeton University Press, 1991.

L LAUWERIER, H.. *The World of Fractals* (*Een wereld van Fractals*). Dutch. Amsterdam: Aramith, 1991. *Fractals: Endlessly repeated geometrical figures*. Princeton University Press.

LEFÈVRE, J. 1980. Teleogical optimization of a fractal tree model of the pulmonary vascular bed. *Bulletin Européen de physiopathologie repiratoire* : **16**, 53.

L LE MÉHAUTÉ, A.. *Les géométries fractales*. 1990, 1991. Paris: Hermès. English translation. *Fractal Geometries*. Boca Raton, FL: CRC Press.

LE MEHAUTÉ, A. & CRÉPY, G. 1982. Sur quelques propriétés de transferts électrochimiques en géométrie fractale. *Comptes Rendus (Paris)*-: **294-II**, 685-688.

LÉVY, P. 1925. *Calcul des probabilités*. Paris: Gauthier Villars.

LÉVY, P. 1930. Sur la possibilité d'un univers de masse infinie. *Annales de Physique* : **14**, 184-189. Voir Lévy 1973- : **II**, 534-540.

LÉVY, P. 1937-1954. *Théorie de l'addition des variables aléatoires*. Paris: Gauthier Villars.

LÉVY, P. 1948-1965. *Processus stochastiques et mouvement brownien*. Paris: Gauthier-Villars.

LÉVY, P. 1970. *Quelques aspects de la pensée d'un mathématicien*. Paris: Albert Blanchard.

LÉVY, P. 1973. *Œuvres de Paul Lévy*. Ed. D. Dugué, P. Deheuvels & M. Ibéro. Paris: Gauthier Villars.

L LINDSTROM, T. 1990. *Brownian Motion on Nested Fractals*. Providence, RI: American Mathematical Society.

LOVEJOY, S. 1981. A statistical analysis of rain areas in terms of fractals. *Preprints of the 20th Conference on Radar Meteorology*. A.M.S., Boston, 476-483.

LOVEJOY, S. 1982. Area-perimeter relation for rain and cloud areas. *Science* : **216**, 185-187.

LOVEJOY, S. & MANDELBROT, B. B. 1985. Fractal properties of rain, and a fractal model. *Tellus,* : **37A**, 209-232.

LUKACS, E. 1960-1970. *Characteristic Functions*. New York: Hafner.

LYDALL, H. F. 1959. The distribution of employment income. *Econometrica*: **27**, 110-115.

MANDELBROT, B. 1951. Adaptation d'un message á la ligne de transmission. I & II. *Comptes Rendus* (Paris) : **232**, 1638-1640 & 2003-2005.

MANDELBROT, B. B. 1953t. Contribution á la théorie mathématique des jeux de communication (Thèse de Doctorat ès Sciences Mathématiques). *Publications de l'Institut de Statistique de l'Université de Paris* : **2**, 1-124.

MANDELBROT, B. 1954w. Structure formelle des textes et communication (deux études). *Word* : **10**, 1-27. Corrections. *Word:* : **11**, 424.

MANDELBROT, B. B. 1955b. On recurrent noise limiting coding. *Information Networks, the Brooklyn Polytechnic Institute Symposium*, 205-221. New York: Interscience.

MANDELBROT, B. 1955t. Théorie de la précorrection des erreurs de transmission. *Annales des Télécommunications*: : **10**, 122-134.

MANDELBROT, B. B. 1956c. La distribution de Willis-Yule, relative au nombre d'espèces dans les genres taxonomiques. *Comptes Rendus* (Paris) : **242**, 2223-2225.

MANDELBROT, B. B. 1956m. A purely phenomenological theory of statistical thermodynamics: canonical ensembles. *IRE Tr. on Information Theory* : **112**, 190-203.

MANDELBROT, B. B. 1956t. Exhaustivité de l'énergie d'un système, pour l'estimation de sa température. *Comptes Rendus* (Paris) : **243**, 1835-1837.

MANDELBROT, B. B. 1956w. On the language of taxonomy: an outline of a thermo-statistical theory of systems of categories, with Willis (natural) structure. *Information Theory, the Third London Symposium.* Ed. C. Cherry. 135-145. New York: Academic.

MANDELBROT, B. B. 1957b. Note on a law of J. Berry and on insistence stress. *Information and Control* : **1**, 76-81.

MANDELBROT, B. 1957p. Linguistique statistique macroscipique, in *Logique, langage et théorie de l'information* (avec L. Apostel & A. Morf), 1-80. Paris: Presses Universitaires de France.

MANDELBROT, B. 1957t. *Application of thermodynamical methods in communication theory and in econometrics.* Institut Mathématique de l'Université de Lille.

MANDELBROT, B. 1958. Les lois statistiques macroscopiques du comportement (rôle de la loi de Gauss et des lois de Paul Lévy). *Psychologie Française* : **3**, 237-249.

MANDELBROT, B. 1959g. Ensembles grand canoniques de Gibbs; justification de leur unicité basée sur la divisibilité infinie de leur énergie aléatoire. *Comptes Rendus* (Paris) : **249**, 1464-1466.

MANDELBROT, B. 1959p. Variables et processus stochastiques de Pareto-Lévy et la répartition des revenus, I & II. *Comptes Rendus (Paris)* : **249**, 613-615 & 2153-2155.

MANDELBROT, B. B. 1960i. The Pareto-Lévy law and the distribution of income. *International Economic Review* : **1**, 79-106.

MANDELBROT, B. B. 1961b. On the theory of word frequencies and on related Markovian models of discourse. *Structures of Language and its Mathematical Aspects.* 120-219. New York: American Mathematical Society.

MANDELBROT, B. B. 1961e. Stable Paretian random functions and the multiplicative variation of income. *Econometrica* : **29**, 517-543.

MANDELBROT, B. B. 1962c. Sur certains prix spéculatifs: faits empiriques et modèle basé sur les processus stables additifs de Paul Lévy. *Comptes Rendus* (Paris) : **254**, 3968-3970.

MANDELBROT, B. B. 1962e. Paretian distributions and income maximization. *Quarterly J. of Economics* : **76**, 57-85.

MANDELBROT, B. B. 1962t. The role of sufficiency and estimation in thermodynamics. *The Annals of Mathematical Statistics* : **33**, 1021-1038.

MANDELBROT, B. B. 1963b. The variation of certain speculative prices. *J. of Business* (Chicago) : **36**, 394-419. Reproduit dans Cootner, 1964.

MANDELBROT, B. B. 1963e. New methods in statistical economics. *J. of Political Economy* : **71**, 421-440. Reproduit dans *Bulletin of the International Statistical Institute, Ottawa Session:* : **40** (2), 669-720.

MANDELBROT, B. B. 1963p. The stable Paretian income distribution, when the apparent exponent is near two. *International Economic Review* : **4**, 111-115.

MANDELBROT, B. B. 1964o. Random walks, fire damage amount, and other Paretian risk phenomena. *Operations Research* : **12**, 582-585.

MANDELBROT, B. B. 1964s. Self-similar Random Processes and the Range. IBM Research Report RC-1163, April13, 1964 (inédit).

MANDELBROT, B. B. 1964t. Derivation of statistical thermodynamics from purely phenomenological principles. *J. of Mathematical Physics* : **5**, 164-171.

MANDELBROT, B. B. 1965c. Self similar error clusters in communications systems and the concept of conditional stationarity. *IEEE Tr. on Communications Technology* : **13**, 71-90.

MANDELBROT, B. 1965h. Une classe de processus stochastiques homothétiques à soi; application à la loi climatologique de H. E. Hurst. *Comptes Rendus* (Paris) : **260**, 3274-3277.

MANDELBROT, B. B. 1965m. Very long-tailed probability distributions and the empirical distribution of city sizes. *Mathematical Explorations in Behavioral Science* (Cambria Pines CA, 1964). Ed. F. Massarik & P. Ratoosh. Homewood, Ill.: R. D. Irwin, 322-332.

MANDELBROT, B. B. 1965s. Leo Szilard and unique decipherability. *IEEE Tr. on Information Theory* : **IT-11**, 455-456.

MANDELBROT, B. B. 1965z. Information theory & psycholinguistics. *Scientific Psychology: Principles and Approaches,* Ed. B. B. Wolman & E. N. Nagel. New York: Basic Books 550-562. Reproduit dans Language, Selected Readings. Ed. R. C. Oldfield & J. C. Marshall. London: Penguin. Reproduit avec appendices, *Readings in Mathematical Social Science.* Ed. P. Lazarfeld and N. Henry. Chicago, Ill.: Science Research Associates (1966: hardcover). Cambridge, MA: M.I.T. Press (1968: paperback).

MANDELBROT, B. B. 1966b. Forecasts of future prices, unbiased markets, and 'martingale' models. *J. of Business* (Chicago) : **39**, 242-255. Errata dans un numéro ultérieur du même Journal.

MANDELBROT, B. B. 1967b. Sporadic random functions and conditional spectral analysis; self-similar examples and limits. *Pr. Fifth Berkeley Symposium on Mathematical Statistics and Probability* : **3**, 155-179. Berkeley: University of California Press.

MANDELBROT, B. B. 1967i. Some noises with 1/f spectrum, a bridge between direct current and white noise. *IEEE Tr. on Information Theory* : **13**, 289-298.

MANDELBROT, B. B. 1967j. The variation of some other speculative prices. *J. of Business* (Chicago) : **40**, 393-413.

MANDELBROT, B. B. 1967k. Sporadic turbulence. *Boundary Layers and Turbulence* (Kyoto International Symposium, 1966), *Supplement to Physics of Fluids* : **10**, S302-S303.

MANDELBROT, B. 1967p. Sur l'épistémologie du hasard dans les sciences sociales: invariance des lois et vérification des hypothèses, *Encyclopédie de la Pléiade: Logique et Connaissance Scientifique.* Ed. J. Piaget. 1097-1113. Paris: Gallimard.

MANDELBROT, B. B. 1967s. How long is the coast of Britain? Statistical self-similarity and fractional dimension. *Science* : **155**, 636-638.

MANDELBROT, B. B. 1968p. Les constantes chiffrées du discours. *Encyclopédie de la Pléiade: Linguistique*. Textes réunis par J. Martinet, Gallimard, 46-56.

MANDELBROT, B. B. 1969e. Long-run linearity, locally Gaussian process, H-spectra and infinite variance. *International Economic Review* : **10**, 82-111.

MANDELBROT, B. B. 1970e. Statistical dependence in prices and interest rates. *Papers of the Second World Congress of the Econometric Society*, Cambridge, England (8-14 Sept. 1970).

MANDELBROT, B. B. 1970p. On negative temperature for discourse. Discussion of a paper by Prof. N. F. Ramsey. *Critical Review of Thermodynamics, 230-232*. Baltimore, MD: Mono Book.

MANDELBROT, B. B. 1970y. *Statistical Self Similarity and Very Erratic Chance Fluctuations*. Trumbull Lectures, Yale University (inédit).

MANDELBROT, B. B. 1971e. When can price be arbitraged efficiently? A limit to the validity of the random walk and martingale models. *Review of Economics and Statistics* : **LIII**, 225-236.

MANDELBROT, B. B. 1971f. A fast fractional Gaussian noise generator. *Water Resources Research* : **7**, 543-553.

•ERRATUM IMPORTANT: Dans la première fraction de la p. 545, le 1 doit être effacé du numérateur et ajouté á la fraction.

MANDELBROT, B. B. 1971n. *The conditional cosmographic principle and the fractional dimension of the universe* (inédit involontaire).

MANDELBROT, B. B. 1972b. Correction of an error in "The variation of certain speculative prices (1963)". *J. of Business* : **40**, 542-543.

MANDELBROT, B. B. 1972c. Statistical methodology for nonperiodic cycles: from the covariance to the R/S analysis. *Annals of Economic and Social Measurement* : **1**, 259-290.

MANDELBROT, B. B. 1972d. On Dvoretzky coverings for the circle. *Z. für Wahrscheinlichkeitstheorie* : **22**, 158-160.

MANDELBROT, B. B. 1972j. Possible refinement of the lognormal hypothesis concerning the distribution of energy dissipation in intermittent turbulence in *Statistical Models and Turbulence*. Ed. M. Rosenblatt and C. Van Atta. Lecture Notes in Physics: **12**, 333-351. New York: Springer.

MANDELBROT, B. B. 1972w. Broken line process derived as an approximation to fractional noise. *Water Resources Research* : **8**, 1354-1356.

MANDELBROT, B. B. 1972z. Renewal sets and random cutouts. *Z. für Wahrscheinlichkeitstheorie* : **22**, 145-157.

MANDELBROT, B. B. 1973c. Comments on "A subordinated stochastic process model with finite variance for speculative prices", by Peter K. Clark. *Econometrica*: **41**, 157-160.

MANDELBROT, B. 1973f. Formes nouvelles du hasard dans les sciences. *Economie Appliquée*: **26**, 307-319.

MANDELBROT, B. 1973j. Le problème de la réalité des cycles lents, et le syndrome de Joseph. *Economie Appliquée*: **26**, 349-365.

MANDELBROT, B. 1973v. Le syndrome de la variance infinie, et ses rapports avec la discontinuité des prix. *Economie Appliquée*: **26**, 321-348.

MANDELBROT, B. B. 1974c. Multiplications aléatoires itérées, et distributions invariantes par moyenne pondérée. *Comptes Rendus* (Paris) : **278A**, 289-292 & 355-358.

MANDELBROT, B. B. 1974d. A population birth and mutation process, I: Explicit distributions for the number of mutants in an old culture of bacteria. *J. of Applied Probability* : **11**, 437-444.

MANDELBROT, B. B. 1974f. Intermittent turbulence in self-similar cascades: divergence of high moments and dimension of the carrier. *J. of Fluid Mechanics* : **62**, 331-358.

MANDELBROT, B. 1975b. Fonctions aléatoires pluritemporelles: approximation poissonienne du cas brownien et généralisations. *Comptes Rendus* (Paris) : **280A**, 1075-1078.

MANDELBROT, B. B. 1975f. On the geometry of homogeneous turbulence, with stress on the fractal dimension of the iso-surfaces of scalars. *J. of Fluid Mechanics* : **72**, 401-416.

MANDELBROT, B. B. 1975h. Limit theorems on the self-normalized range for weakly and strongly dependent processes. *Z. für Wahrscheinlichkeitstheorie* : **31**, 271-285.

MANDELBROT, B. 1975m. Hasards et tourbillons: quatre contes á clef. *Annales des Mines (Novembre)*, 61-66.

L MANDELBROT, B. 1975o, 1984o, 1989o (*OF*). *Les objets fractals: forme, hasard et dimension.* Paris: Flammarion.

MANDELBROT, B. 1975u. Sur un modèle décomposable d'univers hiérarchisé: déduction des corrélations galactiques sur la sphère céleste. *Comptes Rendus* (Paris) : **280A**, 1551-1554.

MANDELBROT, B. B. 1975w. Stochastic models for the Earth's relief, the shape and the fractal dimension of the coastlines, and the number-area rule for islands. *Pr. of the National Academy of Sciences USA* : **72**, 3825-3828

MANDELBROT, B. 1976c. Géométrie fractale de la turbulence. Dimension de Hausdorff, dispersion et nature des singularités du mouvement des fluides. *Comptes Rendus* (Paris) : **282A**, 119-120.

MANDELBROT, B. B. 1976o. Intermittent turbulence & fractal dimension: kurtosis and the spectral exponent 5/3+B. *Turbulence and Navier Stokes Equations* Ed. R. Teman, *Lecture Notes in Mathematics* : **565**, 121-145. New York: Springer.

MANDELBROT, B. B. 1977b. Fractals and turbulence: attractors and dispersion. *Turbulence Seminar Berkeley 1976/1977.* Ed. P. Bernard & T. Ratiu. *Lecture Notes in Mathematics* : **615**, 83-93. New York: Springer.

L MANDELBROT, B. B. 1977f. *Fractals: Form, Chance, and Dimension.* San Francisco: W. H. Freeman & Co.

MANDELBROT, B. B. 1977h. Geometric facets of statistical physics: scaling and fractals. *Statistical Physics* 13, IUPAP Conference, Haifa 1977. Ed. D. Cabib et al. *Annals of the Israel Physical Society.* 225-233.

MANDELBROT, B. B. 1978b. The fractal geometry of trees and other natural phenomena. *Buffon Bicentenary Symposium on Geometrical Probability,* Ed. R. Miles & J. Serra. *Lecture Notes in Biomathematics* : **23**, 235-249. New York: Springer.

MANDELBROT, B. 1978c. Colliers aléatoires et une alternative aux promenades au hasard sans boucle: les cordonnets discrets et fractals. *Comptes Rendus* (Paris) : **286A**, 933-936.

MANDELBROT, B. 1978r. Les objets fractals. *La Recherche* : **9**, 1-13.

MANDELBROT, B. B. 1979n. Comment on bifurcation theory and fractals. *Bifurcation Theory and Applications,* Ed. G. & O. Rössler. *Annals of the New York Academy of Sciences* : **316**, 463-464.

MANDELBROT, B. 1979u. Corrélations et texture dans un nouveau modèle d'Univers hiérarchisé, basé sur les ensembles trémas. *Comptes Rendus* (Paris) : **288A**, 81-83.

MANDELBROT, B. B. 1980b. Fractals and geometry with many scales of length. *Encyclopædia Britannica 1981 Yearbook of Science and the Future,* 168-181.

MANDELBROT, B. B. 1980n. Fractal aspects of the iteration of $z \to Lz(1-z)$ for complex L and z. *Non Linear Dynamics*. Ed. R. M. G. Helleman. *Annals of the New York Academy of Sciences* : **357**, 249-259.

MANDELBROT, B. B. 1981s. Scalebound or scaling shapes: A useful distinction in the visual arts and in the natural sciences. *Leonardo* : **14**, 45-47.

MANDELBROT, B. B. 1982c. Comments on computer rendering of fractal stochastic models. *Communications of the Association for Computing Machinery* : **25**, 581-583.

L MANDELBROT, B. B. 1982f *(FGN)*. *The Fractal Geometry of Nature*. New York: W. H. Freeman.

MANDELBROT, B. B. 1982n. Des monstres de Cantor et Peano á la géométrie fractale de la nature. *Penser les mathématiques*, textes réunis par J. Dieudonné, M. Loi & R. Thom, Paris: Editions du Seuil, 226-251.

MANDELBROT, B. B. 1983d. Les fractales, les monstres et la beauté. *Le Débat* : **24**, 54-72.

MANDELBROT, B. B. 1983m. Self-inverse fractals osculated by sigma discs, and the limit sets of inversion groups. *Mathematical Intelligencer* : **5** (Spring), couverture et 9-17.

MANDELBROT, B. B. 1983p. On the quadratic mapping $z \to z^2 - \mu$ for complex μ and z : the fractal structure of its M-set, and scaling. *Physica D,* : **7**, 224-239.

MANDELBROT, B. B. 1984d. Profile by Monte Davis. *Omni* (New York) (February issue) 65.

MANDELBROT, B. B. 1984e. Fractals and physics: squig clusters, diffusions, fractal measures and the unicity of fractal dimensionality. *J. of Statistical Physics:* : **34**, 1984, 895-910.

MANDELBROT, B. B. 1984f. Squig sheets and some other squig fractal constructions. *J. of Statistical Physics:* : **36**, 519-539.

T MANDELBROT, B. B. 1984j. *Fraktal Kikagaku*. Traduction japonaise de Mandelbrot 1982f, *FGN*, par H. Hironaka. Tokyo: Nikkei Science.

MANDELBROT, B. B. 1984k. On the dynamics of iterated maps, VIII: The map $z \to \lambda(z+1/z)$, from linear to planar chaos, and the measurement of chaos. *Chaos and Statistical Mechanics*. (Kyoto Summer Institute.) Ed. Y. Kuramoto, New York: Springer, 32-41.

MANDELBROT, B. B. 1984r. Comment on the equivalence between fracton/spectral dimensionality and the dimensionality of recurrence. *J. of Statistical Physics:* : **36**, 543-545.

MANDELBROT, B. B. 1984s. Les images fractales: un art pour l'amour de la science et ses applications. *Sciences et Techniques,* Mai 1984, 16-19, 34-35, & 65.

MANDELBROT, B. B. 1984w. On fractal geometry and a few of the mathematical questions it has raised. *Proceedings of the International Congress of Mathematicians* (Warsaw 1983) Ed. Z. Ciesielski, Warsaw: PWN and Amsterdam: North-Holland, 1661-1675.

MANDELBROT, B. B. 1985b. Interview by Anthony Barcellos. *Mathematical People*. Ed. D. J. Albers and G. L. Alexanderson, Boston: Birkhauser, 205-225.

MANDELBROT, B. B. 1985g. On the dynamics of iterated maps. Paper III: The individual molecules of the M-set: self-similarity properties, the N;-**2** rule, and the N;-**2** conjecture. Paper IV: The notion of "normalized radical" R, and the fractal dimension of the boundary of R. Paper V; Conjecture that the boundary of the M-set has a tractal dimension equal to 2. Paper VI: Conjecture that certain Julia sets include smooth components. Paper VII: Domain-filling ("Peano") sequences of fractal Julia sets, and an intuitive rationale for the Siegel discs. *Chaos, Fractals and Dynamical Systems*. Ed. P. Fischer & W. Smith. New York: Marcel Dekker, 213-253.

MANDELBROT, B. B., 1985l. Self-affine fractals and fractal dimension. *Physica Scripta*, : **32**, 257-260.

MANDELBROT, B. B., 1985n. Continuous interpolation of the complex discrete map $z \to \lambda(1 - z)$, and related topics (On the dynamics of iterated maps, IX). Ed. N. R. Nilsson, *Physica Scripta:* **T 9**, 59-63.

MANDELBROT, B. B. 1986k. Letter to the Editor: Multifractals and fractals. *Physics Today*: September issue, 11-12.

MANDELBROT, B. B., 1986t. Self-affine fractal sets, I: The basic fractal dimensions, II: Length and area measurements, III: Hausdorff dimension anomalies and their implications. *Fractals in Physics (Trieste, 1985)*. Ed. L. Pietronero and E. Tosatti. North-Holland, 3-28.

MANDELBROT, B. 1986r. Comment j'ai découvert les fractales. (Entretien avec Marc Lesort) *La Recherche*, Mars 1986, 420-424.

MANDELBROT, B. 1987c. Propos à bâtons rompus. *Fractals: dimensions non entières et applications*, dirigé par G. Cherbit, Paris: Masson, 4-15.

T MANDELBROT, B. B. 1987d. *Die fraktale Geometrie der Natur*. Traduction allemande de Mandelbrot 1982f, *FGN*, par R. & U. Zähle. Basel: Birkhauser & Berlin: Akademie-Verlag.

MANDELBROT, B. B. 1987e. Fractals. *The Encyclopedia of Physical Science and Technology* : **5**, 579-593. San Diego, CA: Academic Press.

T MANDELBROT, B. 1987i. *Gli oggetti frattali*. Traduction italienne de Mandelbrot 1975o, *OF*, par R. Pignoni; préface par L. Peliti & A. Vulpiani. Torino: Giulio Einaudi.

MANDELBROT, B. B. 1987m, 1989m. *La geometria della natura* (en italien). Milano: Montedison. Roma: Edizioni Theoria.

MANDELBROT, B. B. 1987r. Towards a second stage of indeterminism in science (preceded by historical reflections), *Interdisciplinary Science Reviews* : **12**, 117-127.

T MANDELBROT, B. B. 1987s. *Los objetos fractales*. Traduction espagnole de Mandelbrot 1975o, *OF*, par J. M. Llosa. Barcelona: Tusquets.

MANDELBROT, B. B. 1988c. An introduction to multifractal distribution functions. *Fluctuations and Pattern Formation*. Ed. H. E. Stanley and N. Ostrowsky, Dordrecht-Boston: Kluwer, 345-360.

MANDELBROT, B. B. 1988f. Flare: A by-product of the study of a two-dimensional dynamical system, *IEEE Transactions on Circuits and Systems* : **36**, 1988, 768-769.

MANDELBROT, B. B. 1988m. Naturally Creative. Interview by Mike Dibb. *Modern Painters* (London), Premier Issue (Spring), 52-53.

MANDELBROT, B. B. 1988p. Fractal landscapes without creases and with rivers. *The Science of Fractal Images*. Ed. H.-O. Peitgen & D. Saupe, New York: Springer, 1988, 243-260.

MANDELBROT, B. B. 1988s. People and events behind the science of fractal images. *The Science of Fractal Images*. Ed. H.-O. Peitgen & D. Saupe, New York: Springer, 1-19.

MANDELBROT, B. B. 1989a. The principles of multifractal measures. *The Fractal Approach to Heterogeneous Chemistry*. Ed. D. Avnir, New York: Wiley, 45-51.

MANDELBROT, B. B. 1989b. An overview of the language of fractals. *The Fractal Approach to Heterogeneous Chemistry*. Ed. D. Avnir. New York: Wiley, 3-9.

MANDELBROT, B. B. 1989e. Random multinomial multifractal measures. *Fractals' Physical Origin and Properties*. Ed. L. Pietronero. New York: Plenum, 3-29.

MANDELBROT, B. B. 1989g. Multifractal measures, especially for the geophysicist. *Pure and Applied Geophysics*. **131**, 5-42.

MANDELBROT, B. B. 1989h. Lewis Fry Richardson and prematurity in science. *The British Society for the History of Mathematics, Newsletter* : **12**, October, 2-4.

MANDELBROT, B. B. 1989l. Survol du langage fractal: *Les objets fractals* (3e edition). Paris: Flammarion, 185-240.

MANDELBROT, B. B. 1989m. Chaos, Bourbaki and Poincaré. *Mathematical Intelligencer* : **11** (Summer) and Some "facts" that evaporate upon examination. *Mathematical Intelligencer* : **11** (Fall).

MANDELBROT, B. B. 1989p. Temperature fluctuations: a well-defined and unavoidable notion. *Physics Today*. January : **42**, 71 & 73.

MANDELBROT, B. B. 1989r. Fractal geometry: What is it, and what does it do? *Proc. Royal Society* (London).

MANDELBROT, B. B. 1989s. Fractals and an art for the sake of art. *Leonardo* : **22** (Special SIGGRAPH issue).

MANDELBROT, B. B. 1989t. The fractal range of the distribution of galaxies: crossover to homogeneity and multifractals. *Large-scale structure and motions in the Universe*. Ed. F. Mardirossian et al., Dordrecht-Boston: Kluwer, 259-279.

MANDELBROT, B. B. 1990d. New "anomalous" multiplicative multifractals: left-sided $f(\alpha)$ and the modeling of DLA. *Physica*: **A168**, 95-111.

MANDELBROT, B. B. 1990n. Fractals: a geometry of nature. *The New Scientist*: September 15, 1990, cover & pp. 38-43.

MANDELBROT, B. B. 1990r. Negative fractal dimensions and multifractals. *Physica*: **A163**, 306-315.

MANDELBROT, B. B. 1990t. Limit lognormal multifractal measures. *Frontiers of Physics: Landau Memorial Conference*. Ed. E. A. Gotsman, Y. Ne'eman & A. Voronel. New York: Pergamon, 309-340.

MANDELBROT, B. B. 1990w. Two meanings of multifractality, and the notion of negative fractal dimension. *Chaos/Xaoc: Soviet-American Perspectives on Nonlinear Science*. Ed. D. K. Campbell. New York: American Institute of Physics, 79-90.

MANDELBROT, B. B. 1991g. Le gris et le vert. *Les formes fractales*. Rédaction E. Guyon & H. E. Stanley. Paris: Palais de la Découverte, 1991.

MANDELBROT, B. B. 1991k. Random multifractals: negative dimensions and the resulting limitations of the thermodynamic formalism. *Proc. Royal Society* (London) : **A434**, 79-88.

MANDELBROT, B. B. 1991m. The art of fractal landscapes (with F. K. Musgrave). *IBM Journal of Research and Development*: **35** 1991, front and back covers & pp. 535-540.

MANDELBROT, B. B. 1991n. Fractal craft. (Letter to the Editor.) *The New Scientist*: September 14, 1991.

MANDELBROT, B. B. 1991p. Fractals and the rebirth of experimental mathematics. *Fractals for the Classroom*, by H.-O. Peitgen, H. Jürgens, & D. Saupe, E. M. Matelski, T. Perciante, & L. E. Yunker. New York: Springer, 1991.

MANDELBROT, B. B. 1992g. Avant propos: *Physique et structures fractales*, par J.-F. Gouyet. Paris: Masson, 1992.

MANDELBROT, B. B. 1992s. Avant propos: *Dieu joue-t-il aux dés?*, par I. Stewart. Paris: Flammarion, 1992, 7-13.

MANDELBROT, B. B. 1993g. Fractals. *Chaos: The New Science*. (Gustavus Adolphus Nobel Conference XXVI.) Edited by J. M. Holte. Lanham MD: University Press of America, 1993, 1-27.

MANDELBROT, B. B. 1993n. A fractal's lacunarity, and how it can be tuned and measured. *Fractals in Biology and Medicine*. Ed. by T. F. Nonnenmacher. Basel: Birkhauser, 8-21.

MANDELBROT, B. B. 1993s. The Minkowski measure and multifractal anomalies in invariant measures of parabolic dynamic systems. *Chaos in Australia*. Ed. by G. Brown & A. Opie. Singapore: World Publishing, 83-94.

MANDELBROT, B. B. 1994d. Les fractales, l'art algorithmique et le test de Turing. *La science et la métamorphose des arts*, textes réunis par R. Daudel. Paris: Presses Universitaires de France, 39-52.

MANDELBROT, B. B. 1994h. Fractals as a Morphology of the Amorphous. *Fractal Landscapes from the Real World*, by William Hirst. Manchester, UK: Cornerhouse Publications, 1994.

MANDELBROT, B. B. 1994j. Comment on "Theoretical Mathematics . . ." by A. Jaffe and F. Quinn, *Bulletin of the American Mathematical Society*, 1994, 193-196.

MANDELBROT, B. B. 1994q. Fractals, the computer, and mathematics education. *Proceedings of the International Congress of Mathematics Education*, ICME-7 (Québec, 1992), Québec: Presses de l'Université Laval, 1994, 77-98.

MANDELBROT, B. B. 1995b. Statistics of natural resources and the law of Pareto. *Fractal Geometry and its Uses in the Geosciences and in Petroleum Geology*. Edited by C. C. Barton & P. La Pointe. New York: Plenum, 1-12.

MANDELBROT, B. B. 1995f. Measures of fractal lacunarity: Minkowski content and alternatives. *Fractal Geometry and Stochastics*. Edited by C. Bandt, S. Graf & M. Zähle. Basel and Boston: Birkhäuser, 12-38.

MANDELBROT, B. B. 1995k. Negative dimensions and Holders, multifractals, and their Holder spectra, and the role of lateral preasymptotic in science. *Fourier Analysis and its Applications*. (sous presse)

MANDELBROT, B. B. 1995l. The Paul Lévy I knew. *Lévy Flights and Related Phenomena in Physics*. Edited by G. Zaslawsky, M. F. Schlesinger & U. Frisch (Lecture Notes in Physics). New York: Springer.

MANDELBROT, B. B. 1995n. Introduction to fractal sums of pulses. *Lévy Flights and related Phenomena in Physics*. Edited by G. Zaslawsky, M. F. Shlesinger & U. Frisch (Lecture Notes in Physics). New York: Springer, 110-123.

MANDELBROT, B. B. & EVERTSZ, C. J. G. 1990. The potential distribution around growing fractal clusters, *Nature* : **378**, cover & 143-148.

MANDELBROT, B. B. & EVERTSZ, C. J. G. 1991. Multifractality of harmonic measure on fractal aggregates, and extended self-similarity. *Physica*: **A177**, 386-393.

MANDELBROT, B. B., EVERTSZ, C. J. G. & HAYAKAWA, Y. 1990. Exactly self-similar "left-sided" multifractal measures. *Phys. Rev.* : **A42**, 4528-4536.

MANDELBROT, B. B., GEFEN, Y., AHARONY, A. & PEYRIÈRE, J. 1985. Fractals, their transfer matrices and their eigen- dimensional sequences. *Journal of Physics A*: **18**, 335-354.

MANDELBROT, B. B. & GIVEN, J. A. 1984. Physical properties of a new fractal model of percolation clusters. *Physical Review Letters*, : **52**, 1853-1856.

MANDELBROT, B. B., KAUFMAN, H., VESPIGNANI, A., YEKUTIELI, I., & LAM, C.-H. 1995. Deviations from self-similarity in plane DLA and the infinite drift scenario. *Europhysics Letters*, **29**, 599-604.

MANDELBROT, B. B. & MCCAMY, K. 1970. On the secular pole motion and the Chandler wobble. *Geophysical J.* : **21**, 217-232.

L MANDELBROT, B. B. & PASSOJA, D. E. (eds) 1984. *Fractal Aspects of Materials: Metal and Catalyst Surfaces, Powders and Aggregates.* Extended Abstracts of a MRS Symposium, Boston. Pittsburgh PA: Materials Research Society.

MANDELBROT, B. B., PASSOJA, D. & PAULLAY, A. 1984. The fractal character of fracture surfaces of metals, *Nature*, : **308**, 721-722.

MANDELBROT, B. B. & RIEDI, R. H. 1995. Inverse measures, the inversion formula, and discontinuous multifractals.

MANDELBROT, B. B. & STAUFFER, D. 1994. Antipodal correlations and texture (fractal lacunarity) in critical percolation clusters. *Journal of Physics*: **A27**, L237-L242.

MANDELBROT, B. B., STAUFFER, D. & AHARONY, A. 1993. Self-similarity of fractals: a random walk test. *Physica*: **A196**, 1-5.

MANDELBROT, B. B. & TAYLOR, H. M. 1967. On the distribution of stock price differences. *Operations Research* : **15**, 1057-1062.

MANDELBROT, B. B. & VAN NESS, J. W. 1968. Fractional Brownian motions, fractional noises and applications. *SIAM Review* : **10**, 422.

MANDELBROT, B. B., VESPIGNANI, A. and KAUFMAN, H., 1995a. Cross cut analysis of large radial DLA: departures from self-similarity and lacunarity effects, *Europhysics Letters*. (sous presse)

MANDELBROT, B. B., VESPIGNANI, A. and KAUFMAN, H., 1995b. The geometry of DLA: different aspects of the departure from self-simlarity. *Fractal Aspects of Materials*. Edited by F. Family, P. Meakin, B. Sapoval & R. Wool. Pittsburgh, PA: Materials Research Society, 1995, 73-79.

MANDELBROT, B. B. & VICSEK, T. 1989. Directed recursive models for fractal growth. *J. Physics* : **A22**, L377-383

MANDELBROT, B. B. & WALLIS, J. R. 1968. Noah, Joseph and operational hydrology. *Water Resources Research* : **4**, 909-918.

MANDELBROT, B. B. & WALLIS, J. R. 1969a. Computer experiments with fractional Gaussian noises. *Water Resources Research* : **5**, 228.

MANDELBROT, B. B. & WALLIS, J. R. 1969b. Some long-run properties of geophysical records. *Water Resources Research* : **5**, 321-340.

MANDELBROT, B. B. & WALLIS, J. R. 1969c. Robustness of the rescaled range R/S in the measurement of noncyclic long-run statistical dependence. *Water Resources Research* : **5**, 967-988.

- NOTE: Voir aussi plusieurs travaux dont le premier auteur est Berger, Cioczek-Georges, Damerau, Evertsz, Gefen, Gerstein, Given, Gutzwiller, Jaffard, Kahane, Kaufman, Lovejoy, Musgrave, Riedi, Shlesinger, Voldman et Yekutieli.

MARCUS, A. 1964. A stochastic model of the formation and survivance of lunar craters, distribution of diameters of clean craters. *Icarus* : **3**, 460-472.

C MARTIN, J. E. & HURD, A. J. 1986, 1987, 1988. *Fractals in Materials Science (M.R.S. Fall Meeting Course Notes).* Pittsburgh: Materials Research Society (out of print).

C MAYER-KRESS, G. (ed) 1986. *Dimensions and Entropies in Chaotic Systems.* (Pecos River, 1985) New York: Springer.

L MCCAULEY, J. L.. *Chaos, Dynamics and Fractal: an algorithmic approach to deterministic chaos.* Cambridge University Press, 1993.

MEAKIN, P. 1987. Fractal aggregates and their fractal measures. *Phase Transitions and Critical Phenomena*. Ed. C. Domb & J. L. Lebowitz. New York: Academic Press.

MENDÈS-FRANCE, M. & TENENBAUM, G, 1981, Dimension des courbes planes, papiers pliés et suites de Rudin-Shapiro. *Bulletin de la Société Mathématique de France* : **109**, 207-215.

MILNOR, J. 1989. Self-similarity and hairiness in the Mandelbrot set. *Computers in Geometry and Topology* Ed. M. C. Tangora. New York: Marcel Dekker, 211-257.

MINKOWSKI, H. 1901. Über die Begriffe Länge, Oberfläche und Volumen. *Jahresbericht der Deutschen Mathematikervereinigung*: **9**, 115-121. Reproduit dans Minkowski 1911, : **2**, 122-127.

MINKOWSKI, H. 1911. *Gesammelte Abhandlungen,* Chelsea reprint.

MONIN, A. S. & YAGLOM, A. M. 1971 & 1975. *Statistical Fluid Mechanics, Volumes 1 and 2.* Cambridge, MA: MIT Press.

MONTROLL, E. W. & SHLESINGER, M. F. 1982. On 1/f noise and other distributions with long tails. *Proceedings of the National Academy of Science of the USA* : **79**, 3380-3383.

L MOON, F. C. 1992. *Chaotic and Fractal Dynamics.* New York: Wiley.

MOORE, E. H. 1900. On certain crinkly curves. *Tr. of the American Mathematical Society* : **1**, 72-90.

MORI, H. & FUJISAKA, H. 1980. Statistical dynamics of chaotic flows. *Progress of Theoretical Physics* : **63**, 1931-1944.

MUNITZ, M. K. (Ed.) 1957. *Theories of the Universe.* Glencoe, IL: The Free Press.

MUSGRAVE, F. K. & MANDELBROT, B. B. 1989. Natura ex machina. *IEEE Computer Graphics and its Applications* : **9**, Jan. Cover & 4-7.

L NEIMARK, A. V. 1993. *Percolation and Fractals in Colloid and Interface Science.* Singapore: World Scientific.

VON NEUMANN, J. 1949. Recent theories of turbulence. Dans *Collected works.* Ed. A. H. Traub. New York: Pergamon : **6**, 437-472.

NIEMEYER, L., PIETRONERO, L. & WIESMAN, H. J. 1984. Fractal dimension of dielectric breakdown. *Physical Review Letters* : **52**, 1033-1036.

C NONNENMACHER, T. F., LOSA, G. A. & WEIBEL, E. R. 1993. *Fractals in Biology and Medicine.* Basel: Birkhauser.

NORTH, J. D. 1965. *The measure of the universe.* Oxford: Clarendon Press.

NORTON, V. A. 1982. Generation and display of geometric fractals in 3-D. *Computer Graphics* : **16**, 61-67.

L NOTTALE, L. 1995. *Fractal Space-time and Microphysics. Towards a Theory of Scale Relativity.* Singapore: World Scientific.

C NOVAK, M. M. (ed) 1995. *Fractal Reviews in the Natural and Applied Sciences.* London: Chapman & Hall.

NOVIKOV, E. A. & STEWART, R.W. 1964. Intermittency of turbulence and the spectrum of fluctuations of energy dissipation (en russe). *Isvestia Akademii Nauk SSR; Seria Geofizicheskaia* : **3**, 408-413.

NYE, M. J. 1972. *Molecular Reality. A Perspective on the Scientific Work of Jean Perrin.* New York: American Elsevier.

OBOUKHOV, A. M. 1962. Some specific features of atmospheric turbulence. *J. of Fluid Mechanics* : **13**, 77-81. Also in *J. of Geophysical Research* : **67**, 3011-3014.

OLBERS, W. 1823. Über die Durchsichtigkeit des Weltraums. *Astronomisches Jahrbuch für das Jahr 1826* : **150**, 110-121.

L PALIS, J. & TAKENS, F. 1993. *Hyperbolicity, Stability and Chaos at Homoclinic Bifurcations: Fractal Dimensions and Infinitely Many Attractors in Dynamics.* Cambridge University Press.

PAUMGARTNER, D., LOSA, G. & WEIBEL, E. R. 1981. Stereological estimation of surface and volume and its interpretation in terms of fractal dimensions. *Journal of Microscopy* : **121**, 51-63.

PEANO, G. 1890. Sur une courbe, qui remplit une aire plane. *Mathematische Annalen* : **36**, 157-160. Traduit dans Peano, *Selected works.* Toronto University Press, 1973.

PEEBLES, P. J. E. 1980. *The Large-scale Structure of the Universe.* Princeton University Press.

C PEITGEN, H.-O., HENRIQUES, J. M. & PENEDO, L. F. (eds) 1992. *Fractals in the Fundamental and Applied Sciences.* Proceedings of the IFIP Conference on Fractals. Lisbon, June 1990. Amsterdam: Elsevier.

L PEITGEN, H. O. & RICHTER, P. H. 1986. *The Beauty of Fractals.* New York: Springer.

L PEITGEN, H. O. & RICHTER, P. H. 1988. *La Bellezza di Frattali.* Traduction italienne du précédent. Torino: Boringhieri.

C PEITGEN, H.-O. & SAUPE, D. (eds) 1988. *The Science of Fractal Images.* New York: Springer.

PERDANG, J. 1981. The solar power spectrum — a fractal set. *Astrophysics and Space Science* : **74**, 149-156.

PERRIN, J. 1906. La discontinuité de la matière. *Revue du Mois* : **1**, 323-344.

PERRIN, J. 1913. *Les Atomes.* Paris: Alcan. Réimprimé en 1970 par Gallimard. Les éditions postérieures à 1913 ont mal vieilli.

L PERUGGIA, M. 1993. *Discrete Iterated Function Systems.* Wellesley MA: A. K. Peters.

L PETERS, E. E. 1991. *Chaos and Order in the Capital Markets.* New York: Wiley.

L PETERS, E. E. 1994. *Fractal Market Analysis. Applying Chaos Theory to Investment and Economics.* New York: Wiley.

PEYRIÈRE, J. 1974. Turbulence et dimension de Hausdorff. *Comptes Rendus* (Paris) : **278A**, 567-569.

PEYRIÈRE, J. 1978. Sur les colliers aléatoires de B. Mandelbrot. *Comptes Rendus* (Paris) : **286A**, 937-939.

PEYRIÈRE, J., 1981. Processus de naissance avec interaction des voisins. Evolution de graphes, *Annales de l'Institut Fourier.* **31**, 187-218.

C PIETRONERO, L. (ed) 1989. *Fractals' Physical Origins and Properties.* Erice, 1988 Proceedings. New York: Plenum.

PIETRONERO, L. 1987. The fractal structure of the universe: correlations of galaxies and clusters and the average mass density. *Physica* : **144A**, 257-284.

PIETRONERO, L., ERZAN, A., & EVERTSZ, C. 1988a. Theory of fractal growth. *Physical Review Letters* : **61**, 861-864.

PIETRONERO, L., ERZAN, A., & EVERTSZ, C. 1988b. Theory of Laplacian fractals: diffusion limited aggregation and dialectric breakdown model. *Physica* : **151A**, 207-245.

C PIETRONERO, L. & TOSATTI, E. (eds) 1986. *Fractals in Physics.* Amsterdam: North-Holland.

C PIKE, E.R. & LUGIATO, L. A. (eds) 1987. *Chaos, Noise and Fractals* Bristol: Adam Hilger.

PONTRJAGIN, L. & SCHNIRELMAN, L. 1932. Sur une propriété métrique de la dimension. *Annals of Mathematics* : **33**, 156-162.

PRASAD R. R., MENEVEAU, C. & SREENIVASAN, K, R, 1988. Multifractal nature of the dissipation field of passive scalars in fully turbulent flows. *Physical Review Letters* : **61**, 74-77.

L PRUSINKIEWICZ, P., HANAN, J., ET AL 1989. Lindenmayer Systems, Fractals and Plants. *Lecture Notes in Biomathematics*, Vol. **79**. New York: Springer.

L PRUSINKIEWICZ, P. & LINDENMAYER A. 1990. *The Algorithmic Beauty of Plants*. New York: Springer.

C PYNN, R. & RISTE, T. (eds) 1987. *Time Dependent Effects in Disordered Materials*. New York: Plenum.

C PYNN, R. & SKJELTORP, A. (eds) 1985. *Scaling Phenomena in Disordered Systems*. New York: Plenum.

RAMMAL, R. & TOULOUSE, G. 1982. Spectrum of the Schrödinger equation on a self-similar structure. *Physical Review Letters* : **49**, 1194-1197.

RAMMAL, R. & TOULOUSE, G. 1983. Random walks on fractal structures and percolation clusters. *J. de Physique Lettres* : **44**, 13.

RAYLEIGH, LORD 1880. On the resultant of a large number of vibrations of the same pitch and arbitrary phase. *Philosophical Magazine* : **10**, 73. Voir Rayleigh 1899 : 1, 491.

RAYLEIGH, LORD 1899. *Scientific papers*. Cambridge UK: Cambridge University Press.

C REYNOLDS, P. J. (ed) 1991. *On Clusters and Clustering: From Atoms to Fractals* Amsterdam: North-Holland.

RICHARDSON, L. F. 1922. *Weather prediction by numerical process*. Cambridge UK: Cambridge University Press. Le Dover reprint contient une introduction par J. Chapman, ainsi qu'une biographie.

RICHARDSON, L. F. 1926. Atmospheric diffusion shown on a distance-neighbour graph. *Pr. of the Royal Society of London*. **A**, : **110**, 709-737.

RICHARDSON, L. F. 1960a. *Arms and Insecurity: a Mathematical Study of the Causes and Origins of War*. Ed. N. Rashevsky & E. Trucco. Pacific Grove, CA: Boxwood Press.

RICHARDSON, L. F. 1960s. *Statistics of Deadly Quarrels*. Ed. Q. Wright & C. C. Lienau. Pacific Grove, CA: Boxwood Press.

RICHARDSON, L. F. 1961. The problem of contiguity: an appendix of statistics of deadly quarrels. *General Systems Yearbook* : **6**, 139-187.

RICHARDSON, L. F. & STOMMEL, H. 1948. Note on eddy diffusion in the sea. *J. of Meteorology* : **5**, 238-240.

RIEDI, R. H. & MANDELBROT, B. B., 1995a. Multifractal formalism for infinite multinomial measures. *Advances in Applied Mathematics*: **16**, 132-150.

RIEDI, R. H. & MANDELBROT, B. B., 1995b. Inversion formula for continuous multifractals.

RIEDI, R. H. & MANDELBROT, B. B., 1995c. Exceptions to the multifractal formalism for discontinuous measures.

C ROBBINS, M. O., STOKES, J. P. & WITTEN, T. (eds) 1990. *Scaling in Disordered Materials, Fractal Systems and Dynamics*. Extended Abstracts of a MRS Symposium, Boston. Pittsburgh PA: Materials Research Society.

ROGERS, C. A. 1970. *Hausdorff measures*. Cambridge UK: Cambridge University Press.

ROTHROCK, D. A. & THORNDIKE, A. S. 1980. Geometric properties of the underside of sea ice. *Journal of Geophysical Research* : **85C**, 3955-3963.

RUELLE, D. & TAKENS, F. 1971. On the nature of turbulence. *Communications on Mathematical Physics* : **20**, 167-192 & **23**, 343-344.

C SAGAN, H. 1994. *Space-Filling Curves*. New York: Springer.

SALEUR, H. & DUPLANTIER B. 1987. Exact determination of the percolation hull exponent in two dimensions. *Physical Review Letters* : **58**, 2325-2328.

L SAPOVAL, B. 1989. *Les fractales*. Paris: Aditech.

SAPOVAL, B., ROSSO, M. & GOUYET, J. F. 1985. The fractal nature of a diffusing front and the relation to percolation. *J. de Physique Lettres* : **46**, L149-L156.

C SCHAEFER, D. W., LAIBOWITZ, R. B., MANDELBROT, B. B. & LIU, S. H. (eds) 1986. *Fractal Aspects of Materials II*. Extended Abstracts of a Symposium, Boston. Pittsburgh PA: Materials Research Society.

SCHEFFER, V. 1976. Equations de Navier-Stokes et dimension de Hausdorff. *Comptes Rendus* (Paris) : **282A**, 121-122.

SCHEFFER, V. 1977. Partial regularity of solutions to the Navier- Stokes equation. *Pacific J. of Mathematics* : **66**, 535-552.

SCHEFFER, V. 1980. The Navier-Stokes equations on a bounded domain. *Communications on Mathematical Physics* : **73**, 1-42.

C SCHERTZER, D. & LOVEJOY, S. (eds) 1991. *Non-Linear Variability in Geophysics: Scaling and Fractals*. Dordrecht (Holland) & Norwell MA: Kluwer.

C SCHERTZER, D. & LOVEJOY, S. (eds) 1995. *Multifractals and Turbulence. Fundamentals and Applications in Geophysics*. Singapore: World Scientific.

SCHERTZER, D. & LOVEJOY, S. 1984. The dimension and intermittency of atmospheric dynamics. *Turbulent Stream Flow* **IV.** Ed. B. Launder. New York: Springer.

C SCHOLZ, C. H. & MANDELBROT, B. B. (eds) 1989. *Fractals in Geophysics*. Special issue of *Pure and Applied Geophysics* : **131**, No. 1/2. Also issued as a book, Basel & Boston: Birkhauser.

L SCHRÖDER, M. 1991. *Fractals, Chaos, Power Laws: Minutes from an Infinite Paradise*. New York: Freeman.

SERRA, J. 1982. *Image Analysis and Mathematical Morphology*. New York: Academic.

SHLESINGER, M. F., 1988. Fractal time in condensed matter. *Annual Reviews of Physical Chemistry* : **39**, 269-290.

SHLESINGER, M. F. & HUGHES, B. D. 1981. Analogs of renormalization group transformations in random processes. *Physica* : **109A**, 597-608.

C SHLESINGER, M. F., MANDELBROT, B. B. & RUBIN, R. J. (eds) 1984. *Fractals in the Physical Sciences* (Gaithersburg, 1983). Special issue of *Journal of Statistical Physics* : **36**, 516.

SIERPINSKI, W. 1974-. *Œuvres choisies*. Ed. S. Hartman et al. Varsovie: Editions scientifiques.

SMITH, J. M. *Fundamentals of Fractals for Engineers and Scientists*. New York: Wiley, 1991.

STANLEY, H. E. 1977. Cluster shapes at the percolation threshold: an effective cluster dimensionality and its connection with critical-point phenomena. *J. of Physics* : **A10**, L211-L220.

STANLEY, H. E., BIRGENEAU, R. J., REYNOLDS, P. J. & NICOLL, J. F. 1976. Thermally driven phase transitions near the percolation threshold in two dimensions. *J. of Physics* : **C9**, L553-L560.

C STANLEY, H. E. & OSTROWSKY, N. (eds) 1986. *On Growth and Form: Fractal and Non Fractal Patterns in Physics* (Cargèse, 1985). Boston & Dordrecht: Nijhoff-Kluwer.

C STANLEY, H. E. & OSTROWSKY, N. (eds) 1988. *Fluctuations and Pattern Formation* (Cargèse, 1988). Boston & Dordrecht: Kluwer.

STAPLETON, H. B., ALLEN, J. P., FLYNN, C. P., STINSON, D. G. & KURTZ, S. R. 1980. Fractal form of proteins. *Physical Review Letters*: **45**, 1456-1459.

STAUFFER, D. 1979. Scaling theory of percolation clusters. *Physics Reports*: **34**, 1-74.

STAUFFER, D. 1980. Hausdorff dimension...and percolation... *Zeitschrift für Physik*: **B37**, 89-91.

L STAUFFER, D. & AHARONY, A. 1992. *Introduction to Percolation Theory*. Second edition. London: Taylor & Francis.

L STAUFFER, D. & STANLEY, E. H. 1990. *From Newton to Mandelbrot: A Primer in Modern Theoretical Physics*. New York: Springer.

STEIN, K. 1983. The fractal cosmos. Omni (February 1983).

STEINHAUS, H. 1954. Length, shape and area. *Colloquium Mathematicum*: **3**, 1-13.

STENT, G. 1972. Prematurity and uniqueness in scientific discovery. *Scientific American*: **227** (December) 84-93. Voir aussi son livre. *Paradoxes of progress*, New York: W.H. Freeman.

STEPHEN, M. J. 1981. Magnetic susceptibility of percolating clusters. *Physics Letters*: **A87**, 67-68.

L STEWART, I. 1982. *Les fractals*. Paris: Belin.

L STOYAN, D. & STOYAN, H. 1994. *Fraktale-Formen-Punktfelder. Methoden der Geometrie Statistik*. Berlin: Akademie Verlag, 1992. English translation. *Fractals, Random Shapes and Point Fields. Methods of Geometrical Statistics*. Chichester, U.K.: Wiley.

SUZUKI, M. 1981. Extension du concept de dimension — transitions de phases et fractales (en japonais). *Suri Kagaku*: **221**, 13-20.

L TAKAYASU, H. 1985. *Les fractales* (en japonais). Tokyo: Asakura Shoten.

L TAKAYASU, H. 1990. *Fractals in the Physical Sciences*. English translation. Manchester University Press.

L TAKAYASU, H. & M. 1988. *C'est quoi, une fractale?* (en japonais) Tokyo: Diamond.

TAQQU, M. S. 1970. Note on evaluation of R/S for fractional noises and geophysical records. *Water Resources Research*,: **6**, 349-350.

TAQQU, M. S. 1975. Weak convergence to fractional Brownian motion and to the Rosenblatt process. *Z. für Wahrscheinlichkeitstheorie*: **31**, 287-302.

TAQQU, M. S. 1979a. Convergence of integrated processes of arbitrary Hermite rank. *Z. für Wahrscheinlichkeitstheorie*: **50**, 53-83.

TCHENTSOV, N. N. 1957. (traduction) Lévy's Brownian motion for several parameters and generalized white noise. *Theory of Probability and its Applications*: **2**, 265-266.

C TONG, H. (ed) 1993. *Dimension Estimation and Models*. Singapore: World Scientific.

TRICOT, C. 1981. Douze définitions de la densité logarithmique. *Comptes Rendus* (Paris): **293-I**, 549-552.

L TRICOT, C. 1993. *Courbes et dimension fractale*. Paris: Springer & Montréal: Editions Science et Culture. *Curves and Fractal Dimension*. New York: Springer.

L TURCOTTE, D. L. 1992. *Fractals and Chaos in Geology and Geophysics*. Cambridge University Press.

ULAM, S. M. 1957. Infinite models in physics. *Applied Probability*. New York: McGraw-Hill. Voir Ulam 1974, 350-358.

ULAM, S. M. 1974. *Sets, Numbers and Universes: Selected Works.* Cambridge, MA: MIT Press.

L USHIKI, S. 1988. *Le monde des fractales: Introduction à la dynamique complexe* (en japonais). Tokyo: Nippon Hyoron Sha.

DE VAUCOULEURS, G. 1956. The distribution of bright galaxies and the local supergalaxy. *Vistas in Astronomy* : **II**, 1584-1606. London: Pergamon.

DE VAUCOULEURS, G. 1970. The case for a hierarchical cosmology. *Science* : **167**, 1203-1213.

DE VAUCOULEURS, G. 1971. The large scale distribution of galaxies and clusters of galaxies. *Publications of the Astronomical Society of the Pacific* : **73**, 113-143.

L VICSEK, T. 1989. *Fractal Growth Phenomena.* Singapore: World Scientific. Second edition, 1992.

C VICSEK, T., SHLESINGER, M. & MATSUSHITA, M. (eds) 1994. *Fractals in Natural Sciences: International Conference on the Complex Geometry in Nature.* (Budapest, 1993, Proceedings). Singapore: World Scientific.

VILENKIN, N. YA. 1965. *Stories About Sets.* New York: Academic.

VOLDMAN, J. MANDELBROT, B., HOEVEL, L. W., KNIGHT, J. & ROSENFELD, P. 1983. Fractal nature of software-cache interaction. *IBM J. of Research and Development* : **27**, 164-170.

VOSS, R. F. & CLARKE, J. 1975. "1/f noise" in music and speech. *Nature* : **258**, 317-318.

VOSS, R. F. 1978. 1/f noise in music; music from 1/f noise. *J. of the Acoustical Society of America* : **63**, 258-263.

VOSS, R. F. 1985. Random fractal forgeries, in *Fundamental Algorithms for Computer Graphics.* Ed. R. A. Earnshaw, NATO ASI Series Vol. F13. New York: Springer, 13-16 & 805-835.

VOSS, R. F., LAIBOWITZ, R. B. & ALESSANDRINI, E. I. 1982. Fractal (scaling) clusters in thin gold films near the percolation threshold. *Physical Review Letters* : **49**, 1441-1444.

C WEITZ, D. A., SANDER, L. M. & MANDELBROT, B. B. (eds) 1988. *Fractal Aspects of Materials: Disordered Systems.* Extended Abstracts of a MRS Symposium, Boston. Pittsburgh PA: Materials Research Society.

L WEST, B. J. 1990. *Fractal Physiology and Chaos in Medicine.* Singapore: World Scientific.

L WEST, B. J. & DEERING, W. 1994. *Fractal Physiology for Physicists: Lévy Statistics.* Amsterdam: Elsevier.

L WICKS, K. R.. *Fractals and Hyperspaces.* Springer, 1991.

WIENER, N. 1953. *Ex-prodigy.* Cambridge, MA: MIT Press.

WIENER, N. 1956. *I am a Mathematician.* Cambridge, MA: MIT Press.

WIENER, N. 1964. *Selected Papers.* Cambridge, MA: MIT Press.

WIENER, N. 1976-. *Collected Works.* Cambridge, MA: MIT Press.

WIGNER, E. P. 1960. The unreasonable effectiveness of mathematics in the natural sciences. *Communications on Pure and Applied Mathematics* : **13**, 1-14. Voir Wigner: *Symmetries and Reflections.* Bloomington: Indiana University Press (also a MIT Press Paperback) 222-237.

DE WIJS, H. J. 1951 & 1953. Statistics of ore distribution. *Geologie en Mijnbouw* (Amsterdam) : **13**, 365-375 & **15**, 12-24.

WITTEN, T. A., JR. & SANDER, L. M. 1981. Diffusion limited aggregation, a kinetic critical phenomenon. *Physical Review Letters* : **47**, 1400-1403.

L XIE, H. 1993. *Fractals in Rock Mechanics.* Rotterdam & Brookfield, VT: A. A. Balkema.

YEKUTIELI, I., MANDELBROT, B. B., & KAUFMAN, H., 1994. Self-similarity of the branching structure in very large DLA clusters and other branching fractals. *Journal of Physics*: **A 27**, 275-284.

YEKUTIELI, I. & MANDELBROT, B. B., 1994. Horton-Strahler ordering of random binary trees. *Journal of Physics*: **A 27**, 285-293.

L YOSHINARI, M. 1986. *Entre la science et l'art: l'esthétique fractale est née* (en japonais). Tokyo:

C ZASLAWSKY, G., SHLESINGER, M. F. & FRISCH. U. (eds) 1995. *Lévy Flights and Related Phenomena in Physics*. Nice 1994 Proceedings. New York: Springer.

ZIPF, G. K. 1949. *Human Behavior and the Principle of Least-effort*. Cambridge, MA: Addison-Wesley.

TABLE DES MATIÈRES

Préfaces 1

I • Introduction 5

Où Jean Perrin évoque des objets familiers de forme irrégulière ou brisée · P.S.: l'ordre euclidien et l'ordre fractal · Concepts proposés en solution: dimensions effectives, figures et dimensions fractales · Délibérément, cet essai mélange la vulgarisation et le travail de recherche

II • Combien mesure donc la côte de la Bretagne? 20

La diversité des méthodes de mesure · Données empiriques de Lewis Fry Richardson · Premières formes de la dimension fractale · Dimension (fractale) de contenu. Vers la dimension de Hausdorff-Besicovitch · Deux notions intuitives essentielles: Homothétie interne et cascade · Modèle très grossier de la côte d'une île: La courbe en flocon de neige de von Koch · Le concept de dimension d'homothétie D; courbes fractales telles que $1 < D < 2$ · Le problème des points doubles. La courbe de Peano, qui remplit le plan · Dimension d'homothétie généralisée · Sens physique des dimensions fractales, lorsque l'on se refuse au passage à la limite. Coupures interne et externe

III • Le rôle du hasard 43

Utilisation du hasard pour améliorer le modèle de côte constitué par la courbe de von Koch · Hasard simplement invoqué et hasard pleinement décrit · Traînée du mouvement brownien. Ce n'est pas un modèle acceptable d'une côte · La notion de hasard primaire

IV • Les erreurs en rafales 50

La télétransmission des données · Un modèle grossier des rafales d'erreurs: la poussière de Cantor, une fractale de dimension comprise entre 0 et 1 · Nombre moyen d'erreurs dans le modèle cantorien · Poussière de Cantor tronquée et randonisée, conditionnellement stationnaire · Poussière de Lévy, obtenue à partir de la droite en rognant des "trémas" au hasard

V • Les cratères de la Lune 65

VI · La distribution des galaxies 72

La densité globale des galaxies · Sommaire du Chapitre vi · L'univers hiérarchique strict de Fournier · Univers de Charlier, à dimension effective indéterminée dans un intervalle · Paradoxe du ciel en feu, dit d'Olbers · Justification de $D=1$ par Fournier · Cascade de Hoyle. justification de $D=1$ par le critère de stabilité de Jeans · Principes cosmologique et cosmographique · Principe cosmographique conditionnel · Postulat additionnel, que la densité globale de la matière est non-nulle · Conséquences de ces divers principes · Digression au sujet des sites d'arrêt du vol de Rayleigh et de la dimension $D=2$ · Un concept généralisé de densité. Remarque sur l'expansion de l'univers · L'univers semé: un nouveau modèle de la distribution des galaxies · Sites d'arrêt d'un vol de Lévy. Les galaxies comme poussière fractale de dimension $D<2$ · Comparaison avec les erreurs de téléphone · Univers fractals obtenus par agglutinations successives

VII · Modèles du relief terrestre 102

Préliminaires: Randonnées sans boucle. Effet de Noé et effet de Joseph · Mouvements browniens fractionnaires · Modèle brownien du relief terrestre et structure des côtes océaniques · Modèle brownien fractionnaire du relief · Superficies projectives des îles · Le problème des superficies des lacs · Modèle fractal des rives d'un bassin fluvial

VIII · La géométrie de la turbulence 124

Comment distinguer entre le turbulent et le laminaire dans l'atmosphère? · La cascade de Novikov-Stewart · Comportement de la dimension fractale par intersection. Constructions de Cantor dans plusieurs dimensions · Ensembles spatiaux statistiques à la Cantor · Les singularités des équations de Navier-stokes sont-elles fractales? Ce fait va-t-il, enfin, permettre de les résoudre?

IX · Intermittence relative 135

Définitions des deux degrés d'intermittence · Mesure fractale multinomiale · Généralisations aléatoires de la mesure multinomiale

X · Savons, et les exposants critiques comme dimensions 140

Préliminaire: bourrage des triangles · Un modèle du savon basé sur le bourrage apollonien des cercles

XI · Arrangements des composants d'ordinateur 144

XII · Arbres de hiérarchie ou de classement et la dimension 147

Arbres lexicographiques, et la loi des fréquences des mots (Zipf-Mandelbrot) · Arbres de hiérarchie, et la distribution des revenus salariaux (loi de Pareto)

XIII · Lexique de néologismes 153

Amassement · Échelonné · Fractal · Fractale · Dimension fractale · Ensemble fractal · Fractaliste · Objet fractal · Poussière · Randon · À randon · Randon brownien · Randon de zéros brownien · Randon de Lévy · Randon de zéros de Lévy · Randoniser · Randonnée · Randonnée de Bernoulli · Randonnée brownienne · Randonner · Scalant · Tamis · Traînée et chronique · Tréma ·

XIV • Appendice mathématique 159
   Les fractales ont-elles besoin d'être définies mathématiquement? · Mesure de Hausdorff et dimension de Hausdorff-Besicovitch, une dimension fractale de contenu. · Mesure de Hausdorff-Besicovitch dans la dimension D · Dimensions (fractales) de recouvrement · Contenu de Minkowski · Dimensions (fractales) de concentration pour une mesure (Mandelbrot) · Dimension topologique · Variables aléatoires Lévy-stables · Vecteurs aléatoires Lévy-stables · La multitude des fonctions browniennes

XV • Esquisses biographiques 170
   Louis Bachelier: 11/3/1870 - 28/4/1946 ·
   Edmund Edward Fournier d'Albe: 1868-1933 ·
   Paul Lévy: 15/9/1886 - 5/12/1971 ·
   Lewis Fry Richardson: 11/10/1881 - 30/9/1953 ·
   George Kingsley Zipf: 7/1/1902 - 25/9/1950

XVI • Remerciements et coda 182
   • Bibliographie 184

DÉJÀ PARUS

Collection Champs

ALAIN Idées.
ANATRELLA Le Sexe oublié.
ARASSE La Guillotine et l'imaginaire de la Terreur.
ARCHEOLOGIE DE LA FRANCE (réunion des musées nationaux).
ARNAUD, NICOLE La Logique ou l'art de penser.
ASTURIAS, Trois des quatre soleils.
AXLINE Dibs.
BADINTER L'Amour en plus.
BARNAVI Une histoire moderne d'Israël.
BARRY La Résistance afghane, du grand moghol à l'invasion soviétique.
BARTHES L'Empire des signes.
BASTIDE Sociologie des maladies mentales.
BERNARD Introduction à l'étude de la médecine expérimentale.
BERTIER DE SAUVIGNY La Restauration.
BIARDEAU L'Hindouisme. Anthropologie d'une civilisation.
BOIS Paysans de l'Ouest.
BOUREAU La Papesse Jeanne.
BRAUDEL Ecrits sur l'histoire.
L'identité de la France : espace et histoire. Les hommes et les choses. La Méditerranée. L'espace et l'histoire.
La Dynamique du capitalisme.
Grammaire des civilisations.
BRAUDEL, DUBY, AYMARD... La Méditerranée. Les hommes et l'héritage.
BRILLAT-SAVARIN Physiologie du goût.
BROGLIE La Physique nouvelle et les quanta.
Nouvelles perspectives en microphysique.
BRUHNES La Dégradation de l'énergie.
BRUNSCHWIG Le Partage de l'Afrique noire.
CAILLOIS L'Écriture des pierres.
CARRERE D'ENCAUSSE Lénine. La révolution et le pouvoir.
Staline. L'ordre par la terreur.
Ni paix ni guerre.
CHAR La Nuit talismanique.
CHOMSKY Réflexions sur le langage.
Langue, linguistique, politique. Dialogues avec Mitsou Ronat.
COHEN Structure du langage poétique.
CONSTANT De la force du gouvernement actuel de la France et de la nécessité de s'y rallier (1796). Des réactions politiques. Des effets de la Terreur (1797).

CORBIN Les Filles de noce. Misère sexuelle et prostitution au XIXe siècle.
Le Miasme et la jonquille. L'odorat et l'imaginaire social, XVIIIe-XIXe siècles.
Le Territoire du vide. L'Occident et le désir du rivage, 1750-1840.
DAUMARD Les Bourgeois et la bourgeoisie en France depuis 1815.
DAVY Initiation à la symbolique romane.
DELSEMME, PECKER, REEVES Pour comprendre l'univers.
DELUMEAU Le Savant et la foi.
DENTON L'Évolution.
DERRIDA Eperons. Les styles de Nietzsche.
La Vérité en peinture.
Heidegger et la question. *De l'esprit* et autres essais.
DETIENNE, VERNANT Les Ruses de l'intelligence. La Métis des Grecs.
DEVEREUX Ethnopsychanalyse complémentariste.
Femme et mythe.
DIEHL La République de Venise.
DODDS Les Grecs et l'irrationnel.
DROUIN L'Écologie et son histoire.
DUBY Saint-Bernard. L'art cistercien.
L'Europe au Moyen Age.
L'Économie rurale et la vie des campagnes dans l'Occident médiéval.
La Société chevaleresque. Hommes et structures du Moyen Âge I.
Seigneurs et paysans. Hommes et structures du Moyen Âge II.
Mâle Moyen Age. De l'amour et autres essais.
DUMÉZIL Mythes et dieux indo-européens.
DURKHEIM Règles de la méthode sociologique.
EINSTEIN Comment je vois le monde.
Conceptions scientifiques.
EINSTEIN, INFELD L'Évolution des idées en physique.
ELIADE Forgerons et alchimistes.
ELIAS La Société de cour.
ERIBON Michel Foucault.
ERIKSON Adolescence et crise.
FEBVRE Philippe II et la Franche-Comté. Étude d'histoire politique, religieuse et sociale.
FERRO La Révolution russe de 1917.
FINLEY Les Premiers temps de la Grèce.
FOISIL Le Sire de Gouberville.
FONTANIER Les Figures du discours.
FRANCK Einstein. Sa vie, son temps.
FUKUYAMA La Fin de l'histoire et le dernier homme.

FURET L'Atelier de l'histoire.
FURET, OZOUF Dictionnaire critique de la Révolution française.
FUSTEL DE COULANGES La Cité antique.
GEARY Naissance de la France.
GENTIS Leçons du corps.
GEREMEK Les Marginaux parisiens aux XIVe et XVe siècles.
GERNET Anthropologie de la Grèce antique.
Droit et institutions en Grèce antique.
GINZBURG Les Batailles nocturnes.
GLEICK La Théorie du chaos. Vers une nouvelle science.
GOUBERT 100 000 provinciaux au XVIIe siècle.
GRÉGOIRE Essai sur la régénération physique, morale et politique des juifs.
GRIBBIN A la poursuite du Big Bang.
GRIMAL Virgile ou la seconde naissance de Rome.
GRENIER L'Esprit du Tao.
GROSSER Affaires extérieures. La politique de la France (1944-1989).
Le Crime et la mémoire.
GUILLAUME La Psychologie de la forme.
GUSDORF Mythe et métaphysique.
HAMBURGER L'Aventure humaine.
HAWKING Une Brève Histoire du temps.
HEGEL Introduction à l'esthétique. Le Beau.
HEISENBERG La Partie et le Tout. Le monde de la physique atomique.
HORNUNG Les Dieux de l'Egypte
JACQUARD Idées vécues.
JAKOBSON Langage enfantin et aphasie.
JANKELEVITCH L'Ironie.
La Mort.
Le Pur et l'impur.
Le Sérieux de l'intention.
Les Vertus et l'Amour.
L'Innocence et la méchanceté.
JANOV Le Cri primal.
KUHN La Structure des révolutions scientifiques.
KUPFERMAN Laval (1883-1945).
LABORIT L'Homme et la ville.
LANE Venise, une république maritime.
LAPLANCHE Vie et mort en psychanalyse.
LEAKEY, LEWIN Les Origines de l'homme.
LE CLEZIO Haï.
LEROY L'Aventure sépharade.
LE ROY LADURIE Les Paysans du Languedoc.
Histoire du climat depuis l'an mil.
LEWIS Juifs en terre d'Islam.

LOCHAK, DINER et FARGUE L'Objet quantique.
LOMBARD L'Islam dans sa première grandeur.
LORENZ L'Agression.
L'Envers du miroir.
LOVELOCK La Terre est un être vivant.
MACHIAVEL Discours sur la première décade de Tite-Live.
MAHN-LOT La Découverte de l'Amérique.
MANDEL La Crise.
MARX Le Capital.
Livre I sections I à IV
Livre I, sections V à VIII.
MASSOT L'Arbitre et le capitaine.
MAUCO Psychanalyse et éducation.
MAYER La Persistance de l'Ancien Régime. L'Europe de 1848 à la Grande Guerre.
MEAD EARL Les Maîtres de la stratégie.
MICHAUX Emergences – résurgences.
MICHELET La Femme.
MICHELS Les Partis politiques.
MILL L'Utilitarisme.
MILZA Fascisme français. Passé et présent.
MOLLAT, WOLFF Les Révolutions populaires en Europe aux XIVe et XVe siècles.
MOSCOVICI Essai sur l'histoire humaine de la nature.
MUCHEMBLED Culture populaire et culture des élites dans la France Moderne.
NASSIF Freud. L'inconscient.
PANKOW L'Homme et sa psychose.
PAPERT Jaillissement de l'esprit.
PAZ Le Singe grammairien.
PERONCEL-HUGOZ Le Radeau de Mahomet.
PERRIN Les Atomes.
PLANCK Initiation à la physique. Autobiographie scientifique.
POINCARE La Science et l'hypothèse.
La Valeur de la science.
PRIGOGINE, STENGERS Entre le temps et l'éternité.
REICHHOLF L'Emergence de l'homme.
RENOU La Civilisation de l'Inde ancienne d'après les textes sanskrits.
RICARDO Des principes de l'économie politique et de l'impôt.
RICHET La France moderne. L'esprit des institutions.
ROMANO Les Conquistadores.
ROSSIAUD La Prostitution médiévale.
RUFFIE De la biologie à la culture.
Traité du vivant.
RUSSELL Signification et vérité.
SCHMITT La Notion de politique.
Théorie du partisan.

SCHUMPETER Impérialisme et classes sociales.
SCHWALLER DE LUBICZ R.A. Le Miracle égyptien.
Le Roi de la théocratie pharaonique.
SCHWALLER DE LUBICZ ISHA Her-Back, disciple de la sagesse égyptienne.
Her-Back « pois chiche », visage vivant de l'ancienne Egypte.
SEGALEN Mari et femme dans la société paysanne.
SERRES Statues.
Le Contrat naturel.
SIEYES Qu'est-ce que le Tiers-État ?
STAROBINSKI 1789. Les emblèmes de la raison.
Portrait de l'artiste en saltimbanque.
STEINER Martin Heidegger.
STOETZEL La Psychologie sociale.
STRAUSS Droit naturel et histoire.
SUN TZU L'Art de la guerre.
TAPIE La France de Louis XIII et de Richelieu.
TESTART L'Œuf transparent.
THIS Naître ... et sourire. Les cris de la naissance.
THOM Paraboles et catastrophes.
ULLMO La Pensée scientifique moderne.
VALADIER L'Église en procès. Catholicisme et pensée moderne.
WALLON De l'acte à la pensée.
WOLTON Eloge du grand public.

Champs *Contre-Champs*

BAZIN Le Cinéma de la cruauté.
BORDE et CHAUMETON Panorama du film noir américain (1944-1953).
BOUJUT Wim Wenders.
BOURGET Lubitsch.
EISNER Fritz Lang.
FELLINI par FELLINI.
GODARD par GODARD.
Les Années Cahiers.
Les Années Karina.
Des années Mao aux années 80.
KRACAUER De Caligari à Hitler. Une histoire du cinéma allemand (1919-1933).
PASOLINI Ecrits corsaires.
RENOIR Ma vie et mes films.
ROHMER Le Goût de la beauté.
ROSSELLINI Le Cinéma révélé.
SCHIFANO Luchino Visconti.
TASSONE Akira Kurosawa.
TRUFFAUT Les Films de ma vie.
Le Plaisir des yeux.

*Achevé d'imprimer en février 1996
sur les presse de l'imprimerie Maury-Eurolivres S.A.
45300 Manchecourt*

N° d'imprimeur : 96/02/52057
N° d'éditeur : FH130102
Dépôt légal : mars 1995

Printed in France